W0084887

DUMONT

Spannendes aus der Welt der Chemie!

Chemische Substanzen haben unsere Welt unwiderruflich verändert. Ob Zucker, Alkohol, Gummi oder Benzin – aus unserem Leben sind diese Stoffe nicht wegzudenken. Sie haben die Geschichte nachhaltig beeinflusst, auch wenn ihre wahren Stärken dem Auge verborgen bleiben. Christian Mähr erzählt die verblüffenden Hintergründe der zwölf wichtigsten Substanzen. Ihre Geschichten handeln von menschlichen und unmenschlichen Träumen, von Wünschen, Gier, Krankheit und Hoffnung.

Christian Mähr wurde 1952 in Feldkirch im Vorarlberg geboren und lebt als Autor und Journalist in Dornbirn. Der promovierte Chemiker arbeitete jahrelang beim Österreichischen Rundfunk für die Redaktionen Wissenschaft und Umwelt. Bei DuMont veröffentlichte er den Band ›Vergessene Erfindungen‹ (2002) sowie zahlreiche Romane, zuletzt erschien ›Tod auf der Tageskarte‹ (2014).

Christian Mähr

Von Alkohol
bis Zucker

Zwölf Substanzen,
die die Welt veränderten

DUMONT

FSC
www.fsc.org
MIX
Papier aus ver-
antwortungsvollen
Quellen
FSC® C083411

März 2015
DuMont Buchverlag, Köln
Alle Rechte vorbehalten
© 2010 DuMont Buchverlag, Köln
Umschlaggestaltung: Lübbeke Naumann Thoben, Köln
Umschlagabbildung: © Rüdiger Trebels
Gesetzt aus der Garamond und der Trade Gothic
Gedruckt auf säurefreiem und chlorfrei gebleichtem Papier
Druck und Verarbeitung: CPI books GmbH, Leck
Printed in Germany
ISBN 978-3-8321-6317-4

www.dumont-buchverlag.de

Inhalt

Zucker

Was ist Zucker? Ganz einfach: $C_{12}H_{22}O_{11}$. Das ist die sogenannte Summenformel der Saccharose. Sie bedeutet … nein, stopp, machen wir zuerst ein kleines psychologisches Experiment: Legen Sie bitte einen Finger quer über die oben angegebene Formel. Und jetzt die Frage: Wie lauten die drei tiefer gestellten Zahlen? Nicht nachschauen!

Es gibt jetzt zwei Möglichkeiten: Sie wissen es oder Sie wissen es nicht. Wenn Sie es wissen, können Sie sich die folgende Einführung sparen – warten Sie bitte draußen, dauert nicht lange!

Wenn Sie es nicht wissen – woran liegt das? Extrem schwaches Kurzzeitgedächtnis? Ist doch erst wenige Sekunden her, dass Sie diese Formel gelesen haben, oder? Ihr Kurzzeitgedächtnis ist ausreichend? Dann bleibt als Lösung nur: Sie haben dieses C-H-O-Zeugs nicht gelesen, und die tief gestellten Zahlen schon gleich gar nicht. Wozu auch? Keiner tut das und keine. Fast.

Chemie in dieser Form ist eines jener Wissenselemente, die bei den meisten Menschen einem aktiven Vergessensprozess unterliegen, wenn sie jemals gezwungen waren, sie sich anzueignen. Diese Inhalte werden verdrängt wie traumatische Erlebnisse. Als ob ihr Im-Gedächtnis-Behalten einen seelischen Schaden auslösen könnte.

Vielleicht tut es das sogar, kann ja sein. Merkwürdig ist nur, dass wir uns Telefonnummern und andere Ziffernkombinationen ohne Weiteres merken; aber drei zweistellige Zahlen, die eine tagtäglich verzehrte Substanz charakterisieren, müssen verdrängt werden? Wahrscheinlich schon. Schulstunden und Prüfungen kommen mit diesen Formeln herauf, an die man sich nicht erinnern will, an die Formeln wie an die Stunden. Verschwendete Lebenszeit. Dieses Schulerbe lastet auf der Chemie und allem Chemischen bis ins hohe Alter. Die negative Einstellung zu dieser Wissenschaft durchdringt alle Lebensbereiche, ohne sie hätten die Katastrophen Contergan, Bhopal und Seveso nicht die gesellschaftliche Tiefenwirkung gehabt, die sie hatten.

Dabei ist die Formelhuberei unnötig. Die tief gestellten Zahlen sind ein Wissensdetail, etwa wie die Buchstaben-Zahlen-Kombinationen auf Autoreifen. Die obige Formel heißt nichts anderes, als dass die kleinste Einheit Zucker, das Molekül, aus zwölf Kohlenstoffatomen, zweiundzwanzig Wasserstoffatomen und elf Sauerstoffatomen besteht. Weiter nichts. Wie diese zwölf Kohlenstoffatome nun mit den anderen zusammenhängen, wird nicht gesagt. Wie bei einer Immobilienanzeige: »3 Schlafzimmer, Küche, Bad, Salon« – wer Näheres wissen will, muss sich einen Plan des Hauses anschauen. Der Plan heißt in der Chemie *Strukturformel.* Bezeichnenderweise war es auch ein Architekturstudent, der solche Pläne in die Chemie eingeführt hat, Friedrich August Kekulé. 1858 war das, bis dahin galten die inneren Verhältnisse der Moleküle als undurchschaubar, der Chemiker Kolbe verstieg sich sogar zu der Behauptung, wie die Atome im Molekül aneinander gebunden seien, werde dem Menschengeschlecht auf ewig verschlossen bleiben.

Für die allermeisten Menschen stimmt das sogar.

In Tat und Wahrheit verabscheuen die meisten Zeitgenossen Strukturformeln noch mehr als Summenformeln. Aber das rührt sicher alles nur von der Schulzeit her und dem grottigen Chemieunterricht dort … Das Betrachten einer chemischen Strukturformel ist wirklich ganz ungefährlich.

Was sehen wir:

Die Atomsymbole C, H, O, also Kohlenstoff, Wasserstoff, Sauerstoff, außerdem zwei Ringe, der linke mit sechs Ecken, der rechte mit fünf. In der Mitte sind sie über ein Sauerstoffatom zusammengebunden. Die Ecken der Ringe sind übrigens auch Kohlenstoffatome, nur der Übersichtlichkeit halber weggelassen. Ansonsten ist diese Formel recht eintönig: lauter H und OH, die nach oben und unten wegstehen. Wer merkt sich so was? Chemiker, die unmittelbar damit zu tun haben, sonst kein Mensch. Ist es wichtig, ob die OH-Gruppen und so weiter nach oben oder nach unten rausstehen?

Schon. Dadurch unterscheiden sich die einzelnen Zuckerarten. Dazu ein informativer Kleinversuch: Halten Sie einen Taschenspiegel hochkant rechts neben die obige Formel. Wenn Sie den Spiegel jetzt ein bisschen schief halten, sollten Sie das Spiegelbild der Formel darin sehen (sagen Sie nicht, das geht nicht: Ich hab's extra probiert!) Der Fünfer-Ring steht jetzt links, der Sechser-Ring rechts, klar, eben spiegelbildlich: Wenn Sie jetzt gedanklich versuchen, das rechte Bild irgendwie zu drehen, damit der Sechser-Ring wieder nach links kommt, dann werden Sie feststellen, dass es Ihnen nicht gelingt, das eine Bild mit dem anderen durch Verschieben zur Deckung zu bringen. Man nennt diese seltsame Eigenschaft *Chiralität* – oder *Händigkeit*, weil das einfachste Beispiel dafür unsere Hände sind. Die linke Hand ist das Spiegelbild der rechten; wenn wir sie passgenau übereinander legen wollen, Daumen auf Daumen, jeder Finger auf seinem Pendant der anderen Seite, dann geht das nur, wenn die Innenflächen der Hände aufeinanderliegen, das heißt, die eine Hand weist uns die Innenfläche zu, die andere den Handrücken.

Warum ist das von Bedeutung? Wir alle haben (hoffentlich!) zwei Hände, also ist das Vorkommen spiegelbildlicher Strukturen ganz normal für uns. In der Substanzenwelt ist das anders: Von der Saccharose existiert auf der ganzen weiten Welt nur die eine Form, in unserem Beispiel die linke. Man nennt sie aus Gründen, die hier nicht interessieren, die »D«-Form. Von lateinisch »dexter« für »rechts«. Die andere, die »L«-Form (von *laevus* für »links«) gibt es nicht in der Natur. Von einigen Zuckern hat man die L-Form künstlich hergestellt. Zum Beispiel vom linken Teil der Formel, dem Sechser-Ring. Das ist der bekannte Traubenzucker, die Glucose. Die L-Form schmeckt im Vergleich zur natürlich vorkommenden D-Form weniger süß und kann vom Organismus nicht abgebaut werden, um daraus Energie zu gewinnen – was geschieht mit solchen Substanzen? Der Organismus versucht sie so schnell wie möglich loszuwerden, L-Glucose kann man zur Darmreinigung verwenden. Sie muss aber im Labor hergestellt werden und ist nicht billig.

Die meisten biologisch wichtigen Substanzen zeigen *Händigkeit* und kommen nur in einer der beiden Formen vor. Das gilt auch für viele Medikamente: Nur eine der beiden möglichen Formen ist wirksam. Bei chemischen Synthesen entstehen aber fast immer beide Formen im Verhältnis 50:50; die eine, nutzlose Hälfte wird als Ballast mitgeschleppt.

Kehren wir zur einfacheren Summenformel zurück. Seltsame Zahlen: 22 Wasserstoffatome, 11 Sauerstoffatome, das ist schon ein merkwürdiges Verhältnis. Teilt man beide Zahlen durch 11, kommen auf jedes Sauerstoffatom gerade 2 Wasserstoffe, das ist eine viel einfachere und allgemein verbreitete Summenformel: H_2O. Wasser. Sieht so aus, als ob im Zucker 12 Kohlenstoffatome und 11 Wassermoleküle irgendwie zusammengekommen wären – spendieren wir von außen ein zusätzliches H_2O, dann steht es 12:12, wieder gekürzt 1:1, also ein Kohlenstoffatom und ein Molekül Wasser. Tatsächlich zeigen einfachere Zucker wie der Traubenzucker $C_6H_{12}O_6$ genau dieses einfache Verhältnis. Das ist den Chemikern relativ früh aufgefallen. Man nannte die verschiedenen Zucker daher »Kohlehydrate« – »Kohle« bezieht sich auf den enthaltenen Kohlenstoff, »Hydrat« auf das Wasser. Kohlehydrat klingt ähnlich wie Kohlenwasserstoff, der nur aus Kohlenstoff und Wasserstoff besteht, Benzin und Diesel zum Beispiel. Der Unterschied liegt im Sauerstoff. Wenn irgendwo Sauerstoff dazukommt, nennt man das *Oxidation*, schlichter: Verbrennung. Das Kohlehydrat erscheint in dieser Sichtweise als eine Art Benzin, das nicht vollständig verbrannt wurde: Der Wasserstoff wurde schon zu Wasser oxidiert, der Kohlenstoff aber *nicht* zu Kohlendioxid. Ein Teil der Energie, derentwegen man ja überhaupt alles Brennbare verbrennt, steckt also noch drin im Kohlehydrat. Gar nicht wenig: Rund 60 Prozent der Energie, die man bei vollständiger Verbrennung nutzen könnte, sind im Zucker noch enthalten! Das ist ein ganz entscheidender Punkt, auf den wir noch zurückkommen werden.

Der Zucker, der uns jeden Tag begegnet, leidet unter dem Nimbus, die langweiligste Substanz zu sein, die man sich denken kann. Er ist weiß, geruchlos und allgegenwärtig. Zu jedem Kaffee oder Tee gibt es ihn dazu, braucht man mehr, wird er in Kilopaketen aus weißem Papier angeboten, die im Aufdruckdesign noch den Fünfzigerjahren des letzten Jahrhunderts verhaftet sind: eine Farbe, meistens blau, schlichte Botschaft. Tatsächlich identifiziert man auf der Packung das Wort »Zucker«; keine Phantasienamen wie bei den meisten modernen Lebensmitteln, keine Farborgien, keine Jugendsprache, dafür auf der Rückseite doch tatsächlich noch kleingedruckte Rezeptvorschläge für »Marillenknödel« oder »Linzer Torte«, deren Auftauchen auf diesen Packungen offenbar durch nichts anderes gerechtfertigt ist als durch die Verwendung von ebendiesem Zucker. Erst seit ein paar Jahren versucht die Zucker-industrie, die extreme Schlichtheit des Marktauftritts durch Produktauffächerung und Verwendung von etwas Farbe zu konterkarieren. Es gibt jetzt in Österreich »Wiener Zucker« (der mit derselben Berechtigung auch »Innsbrucker Zucker« oder »Kärntner Zucker« oder sogar »Alpenzucker« heißen könnte – der Name sagt nichts, deutet auf nichts Reales, nur auf eine diffuse Anmutung von »Gemütlichkeit« und »Kaffeehauskultur«), es gibt braunen Zucker, Kandiszucker, Gelierzucker und beim gewöhnlichen Zucker die Subsorten Feinkristall und Normalkristall. All diesen Versuchen, aus dem weißen Zucker ein hippes Produkt zu machen, haftet etwas Gezwungenes, Gequältes an – es ist offenbar schwer, dem Zucker die Gewöhnlichkeit und unüberbietbare Biederkeit auszutreiben.

Daran ist die Industrie selbst schuld. In einer fast zweihundertjährigen Geschichte hat sie den Zucker seit dem 19. Jahrhundert aus einer Delikatesse zu einer fast dubiosen Substanz gemacht, »gewöhnlichen Dreck« sozusagen, Abstieg auf der Werteleiter durch Massenproduktion. Zucker hat eine schlechte Presse. Er ruiniert die Zähne, entzieht den Knochen das Kalzium, die dadurch schwächer werden – fatal, wo sie doch das durch Zuckerkonsum ohnehin weit überhöhte Körpergewicht tragen müssen. Zucker macht fett, die Amerikaner sind das beste Beispiel. Die essen sehr süß. Zucker ist eine Droge. Und so weiter und so fort. Die Epoche »zuckerfreier Räume«, in denen keine zuckerhaltigen Nahrungsmittel genossen noch Limonaden getrunken werden dürfen, liegen zwar noch im *ou topos*, im »Nichtort« der Zukunft, aber sicher nicht mehr weit entfernt.

Die Verteufelung des Zuckers ist in der Geschichte der menschlichen Ernährung ohne Beispiel. Seit zehntausend Jahren gehört Zucker zu den beliebtesten und begehrtesten Naturstoffen überhaupt. Polynesische Seefahrer holten sich durch Kauen von Zuckerrohrstängeln jene Kraftreserven, die beim wochenlangen Rudern über die Weiten des Pazifik unerlässlich waren. Der ostasiatische Raum ist auch die Ursprungsheimat der Grasart *Saccharum officinarum*, die aber erst im 1. Jahrhundert n. Chr. in den Nahen Osten kam. Von dort bezogen die Römer ihren Zucker, nachdem man entdeckt hatte, dass der braune Rückstand, der beim Eindicken des Presssaftes übrig blieb, viel haltbarer war als das Rohr selber. Der Zucker war teuer und blieb es bis in die Neuzeit. Dann wurde er allmählich billiger – freilich auf Kosten riesiger Sklavenheere, die auf den Zuckerplantagen der Kolonialherren arbeiten mussten.

Die erste große Phase der Globalisierung, die beschönigend »Zeitalter der Entdeckungen« genannt wird, brachte nicht nur zahlreiche unbekannte Pflanzen nach Europa und einen Haufen Krankheitserreger in die Tropen, sondern auch eine Plantagenwirtschaft, die in dieser Form seit der Antike nicht mehr existiert hatte. Man musste dazu nur Pflanzen und Arbeitskräfte in ein bis dato von »Wilden« bewohntes Land bringen und konnte dort sagenhafte Profite realisieren. Die wichtigste dieser Pflanzen war das Zuckerrohr.

Um Zucker in einer subtropischen Plantage zu erzeugen, brauchte man eine Mühle zum Auspressen des Zuckerrohrs, zum Eindicken des Saftes eine Siederei, eine Trockenkammer, wo der nicht kristallisierte Rest, die Melasse, weiter Wasser verlor, und schließlich eine Brennerei, um aus Melasse Rum herzustellen, außerdem Lagerhäuser – und Unterkünfte für die Sklaven. Die brauchte man nämlich ganz besonders, ohne Sklaven hätte in vorindustriellen Zeiten eine so komplizierte Produktion nicht funktioniert. Hatte man das alles beisammen, durfte man pro acre (circa 4000 Quadratmeter) mit rund 1000 Kilo Zucker pro Jahr rechnen. Übrigens brauchte man einen Sklaven pro acre und für je fünf einen weiteren extra, denn die Verluste waren hoch. Das Zuckerrohr

13

muss, wenn es reif ist, sofort geschnitten, in der Drei-Walzen-Mühle ausgepresst und der Saft gesotten und geklärt werden, die Feuer unter den Töpfen wurden mit dem Pressrückstand genährt. Arbeitsschutzvorrichtungen gab es auch, zum Beispiel hing an jeder Mühle eine Machete, um eine Hand, die etwa zwischen die Walzen geriet, sofort abhacken zu können …

In der Neuen Welt wurde der Zucker zu einem Boomstoff, der den »Atlantischen Dreieckshandel« antrieb. Das ging so: Im Herbst fuhren die europäischen Segelschiffe mit Handelswaren nach Westafrika. Durchaus nicht nur mit dem sprichwörtlichen billigen Tand, Glasperlen und so weiter beladen, sondern mit Metallen, Textilien und Feuerwaffen. Alle drei tauschte man in Afrika gegen Sklaven. Die arabischen Sklavenhändler waren eben keine »Eingeborenen«, die sich mit irgendwelchem abendländischem Ramsch hätten abspeisen lassen, sondern gewiefte Geschäftsleute, die den Wert ihrer schwarzen Lebendware wohl einzuschätzen wussten. Von Westafrika aus segelten die Sklavenschiffe im Winter in die Karibik, wo die Sklaven verkauft und vom Erlös tropische landwirtschaftliche Produkte erworben wurden; neben Baumwolle vor allem Zuckerprodukte: Zucker selber, Melasse und Rum. Damit fuhren die Schiffe im Frühjahr nach Europa zurück.

Der Sklavenpreis war relativ niedrig und stieg von 1680 bis 1790 von etwa 18 auf 68 Pfund. Die Sklaverei war in Afrika selbst weit verbreitet, auf die unrühmlichen Höhen des Dreieckshandels hat sie aber erst der Zucker geführt. Das Ganze funktionierte natürlich nicht nur deshalb so gut, weil die afrikanischen Eliten so verrückt auf europäische Waren waren – sondern weil die Eliten Europas ebenso verrückt auf Zucker waren. Man ist versucht, diese Gier nach Zucker mit der Gier nach »Süßem« gleichzusetzen.

Um zu verstehen, wie es zu dieser Gier kam, müssen wir noch einmal an den Beginn des 2. Jahrtausends gehen. Zucker war schon bekannt. Nur war er sehr teuer. Teuer ist eigentlich gar kein Ausdruck: Im Jahr 1226 beauftragte der englische König Heinrich III. einen Untergebenen, drei Pfund alexandrinischen Zucker zu beschaffen – falls diese Riesenmenge auf der Messe von Winchester überhaupt zu bekommen sei. Es ist klar, dass dieser Zucker am englischen Königshof nicht dazu diente, (noch gar nicht bekannten) Tee zu süßen. Zucker war ein besonders seltenes und besonders teures Gewürz, ein Spleen von Reichen; sehr geeignet zum Angeben auf Festbanketten. Außer der reichsten Adelsschicht konnte ihn sich keiner leisten. Aber dabei blieb es nicht.

Nur vierzig Jahre später erfahren wir aus den erhaltenen Rechnungsbüchern der Gräfin Leicester, dass im Jahre 1265 insgesamt 55 Pfund Zucker gekauft wurden und dazu 53 Pfund Pfeffer. Die Kombination ist kein Zufall: Eine Mischung aus gemahlenem Zucker und Pfeffer auf geröstetem Brot war ein beliebtes Dessert. Wieder zwanzig Jahre später verbraucht der Hof Edwards I. schon 2900 Pfund Zucker. Der Konsum nimmt in den vermögenden Schichten stetig zu und hält Einzug in die Küchenpraxis. Zucker war ein Gewürz, dessen Vorteil darin bestand, zu fast allem zu passen. Dementsprechend hat man auch fast alles damit kombiniert – die Ergebnisse ließen uns Heutige entsetzt zurückweichen. Im 14. Jahrhundert kommt Zucker an die meisten Fleischspeisen, aber auch an Gemüse. Dazu eine Menge anderer Gewürze, die gut und teuer waren. Das 20. Jahrhundert hat die Handvoll-Mengen an Zucker und Gewürzen, die in solchen Rezepturen auftauchten, etwas herablassend als Notmaßnahme des Mittelalters gedeutet, die den Faulgeschmack des verdorbenen Fleisches überdecken sollte, schließlich hatten sie ja noch keinen Kühlschrank, die Armen!

Das ist Blödsinn. Wer verdorbenes Fleisch isst, stirbt oder wird schwerkrank, egal, ob er im 14. Jahrhundert lebt oder im 21. Die Vorliebe für Zucker in der frühen Neuzeit erklärt sich aus seinen inhärenten Eigenschaften und geänderter Produktion: Er ist erstens wahnsinnig gut und zweitens immer besser erhältlich. Spanier und Portugiesen eroberten im 16. Jahrhundert die Kanaren, Madeira und Sao Tomé. Die Zuckerproduktion verlagerte sich aus dem Mittelmeergebiet in den Atlantik, das machte den Zucker billiger und deutete schon auf die kommende Massenproduktion des Zuckers in noch weiter westlich gelegenen Gebieten der Karibik und Südamerikas hin. Die Nachfrage blieb aber immer größer als das Angebot: Wer je mit Zucker in Kontakt kam, wollte mehr davon und kaufte ihn, sofern er es sich nur irgendwie leisten konnte. Ich behaupte, dass dies noch heute gilt. Nur ist der Zucker mittlerweile so allgegenwärtig geworden, dass er seine Würzqualität verloren hat. Um sie wiederzuentdecken, genügt es, schlichte Zwiebeln zu karamellisieren und in wenig Fleischbrühe weich zu dünsten – es ist jenes Gericht, das wir Jean-Hugues Anglade als Karl IX. im Film »Bartholomäusnacht« seinem Schwager Heinrich von Navarra zubereiten sehen, der ihm eben das Leben gerettet hatte.

Mit der Funktion als Nahrungs- und Süßungsmittel ist die Geschichte des Zuckers aber noch nicht erzählt. Denn zu dieser Geschichte gehören vier weitere Felder, auf denen der Zucker eingesetzt wurde: als Medizin, als Grundbestandteil für essbare Verzierungen, als Konservierungsmittel und in Form der Melasse als Ausgangsstoff für Rum. Die medizinische und künstlerische Verwendung erfanden die Araber, beides wurde im Abendland kopiert. In den medizinischen Schriften finden sich lange Listen von Krankheiten, die man mit Zucker behandeln zu können glaubte; seine Verwendung in heißen Getränken bei »Katarrh« und Husten kommt uns bekannt vor – wir müssen nur den Zucker in den Rezepten durch Honig ersetzen und sind bei heute immer noch (oder schon wieder) gebräuchlichen Hausmitteln. Natürlich würde sich heute bei Erkältung keine Anhängerin naturnaher Heilmethoden mit einer Tasse zuckergesüßten Kräutertees ins Bett legen – mit Honig sieht die Sache anders aus, er enthält ja viele »wertvolle Inhaltsstoffe«, der Zucker nur »leere Kalorien«. Vor dreihundert Jahren war es genau umgekehrt. Wer es sich leisten konnte, verwendete den extrem teuren Zucker, die anderen mussten mit Honig vorliebnehmen (auch teuer, aber nicht extrem). Je teurer das Mittel, desto besser muss es wirken. Deshalb mischt man im 14. Jahrhundert in die garantiert wirkende Medizin gegen die Pest zerstoßene Diamanten und gemahlene Perlen – und Zucker! Dass diese Mittel ebenso wenig geholfen haben wie die übrigen Pestmittel, behinderte ihre Verbreitung in Rezeptbüchern nicht. Nur die Reichsten konnten sie sich leisten, Misserfolge waren daher ebenso selten wie die Anwendung selbst: Wer hatte schon Diamanten?

Mischt man feingepulverten Zucker mit gemahlenen Mandeln und Rosenwasser, erhält man Marzipan. Am besten geht das, wenn Zuckerrohr, Mandeln und Rosen reichlich zur Verfügung stehen, das heißt, in Vorderasien. Dort entstand es auch, wahrscheinlich in Persien. Das aus dem Sudan stammende *gummi arabicum* ist ein Polysaccharid, ein Vielfachzucker, der als ideales Bindemittel Skulpturen aus Marzipan, normalem Zucker und ähnliche Zubereitungen ermöglicht. Die wurden in Form von Tafelaufbauten im europäischen Spätmittelalter sehr beliebt, nachdem die Venezianer, die in Europa alle guten Sachen als Erste kennenlernten, im 13. Jahrhundert begonnen hatten, die nötigen Zutaten wie auch den Zucker aus dem Orient einzuführen. Uns erscheinen Berichte über mannshohe Tafelaufbauten aus Zuckerwerk, aus denen beim Servieren dann Zwerge, Vögel usw. hervorspringen, weniger als fantastische Übertreibungen (wir glauben davon seltsamerweise jedes Wort) denn als typische Auswüchse einer zutiefst dekadenten Adelskultur (»... und das Volk hat gehungert!«). Dabei sind jene Tafelaufbauten ein bescheidener, um nicht zu sagen matter Abglanz originalen orientalischen Zuckerdekors. Im Jahr 1040 verbrauchte der Sultan in Ägypten über 73 Tonnen Zucker, im Jahr 1412 ließ der Kalif eine Moschee ganz aus Zucker erbauen, die dann von Bettlern verspeist werden durfte. Die leichtere Verfügbarkeit von Zucker hat die Kultur des Vorderen Orients geprägt und tut das bis heute. Man spürt das im Wortsinne bei türkischen Leckereien: Irgendwie bringen sie es fertig, diese Häppchen süßer schmecken zu lassen als puren Zucker, es schmeckt schon nach etwas jenseits von süß, eine gewisse metallische Note kommt dazu.

Der türkische Honig war in meiner Kindheit das einzige Beispiel dieser konditorischen Tradition, es gab bei uns noch keine Türken, aber schon ihren Honig, einen viele Kilo schweren weißen Block, von dem ein untersetzter Mann mit schwarzem Schnauzbart und rotem Fez auf dem Kopf das Material splitterweise herunterhackte und in Wachspapierpackungen verkaufte. Diese Köstlichkeit gab es einmal im Jahr auf einem vorweihnachtlichen Markt im Dezember, sie hieß zwar türkischer Honig, Werbung machte der Verkäufer aber mit dem Spruch »Honi, Honi aus Mazedoni!«, obwohl weder das Produkt noch der Mann aus Mazedonien stammten. Beide kamen aus Innsbruck, ich ertappte ihn dabei, wie er diesen Umstand anderen Marktfahrern in kernigem Tirolerisch offenbarte. Ich war ein bisschen enttäuscht. Dennoch habe ich mich jedes Jahr auf den Markt und den türkischen Honig gefreut – verkörpert er doch die Überlegung: Honig ist gut, Zucker ist gut, Nüsse sind gut – wie gut muss erst die Kombination aus allen drei sein? Diese absolut stichhaltige Folgerung wird nur von jenen angezweifelt, die aufgrund einer seltenen genetischen Abweichung am Süßen keinen Geschmack finden. Türkischer Honig – eine der wunderbarsten Köstlichkeiten, die Menschengenie auf dieser Erde ersonnen hat! – schmecke nur »süß« und »langweilig«, sagen sie. Was soll man diesen bedauernswerten Menschen antworten?

Vielleicht sollte man ihnen gegenüber auf den hohen praktischen Wert des Zuckers als Konservierungsmittel verweisen. Exotische Früchte konnten nur eingekocht in Zucker und mit einem Überzug aus Zucker so haltbar gemacht werden, dass sie den Transport nach Europa überstanden. Sie waren geradezu astronomisch teuer. Der englische Zuckerhistoriker Sidney Mintz erwähnt ein Haushaltsbuch vom Ende des 16. Jahrhunderts, in dem der Kauf von zwei Pfund Marmelade mit fünf Shilling drei Pence verzeichnet ist; eine Summe, mit der man ein Pfund Pfeffer oder neunundzwanzig Pfund Käse kaufen konnte. Die Preise blieben bis in die Zeit der Industrialisierung hoch – dann allerdings setzt ein markanter Umschwung ein. Nach der Aufhebung der Zuckerzölle in England setzt eine geschichtlich beispiellose Massenverwendung von Zucker ein. Die britische Marmeladenindustrie macht ihren Hauptumsatz mit Produkten, die für die untersten Einkommensklassen konzipiert waren – mit den Früchten, aus denen die jeweilige Marmelade angeblich hergestellt wurde, hatte die süße Pampe nicht viel zu tun, auf jeden Fall enthielt sie aber eine Menge Zucker. Das Marmeladenbrot ersetzte die reichhaltigeren breiartigen Speisen, die früher üblich gewesen waren. Dazu trank man stark gesüßten Tee. Marmeladenbrot und süßer Tee ersetzten in Arbeiterhaushalten eine ganze Mahlzeit, schreibt Mintz.

Die Vorteile billiger Marmelade statt teurer tierischer Fette blieben auch den Kapitalisten auf dem Kontinent nicht verborgen. Als durch den Rübenanbau eine eigene Zuckerquelle erschlossen wurde, stieg auch in Deutschland die Beliebtheit der Marmelade. Im Ersten Weltkrieg wurden die deutschen Soldaten statt mit Fett mit Marmelade verpflegt, was bei den verbündeten Österreichern zur spöttischen Bezeichnung »Marmeladinger« geführt haben soll – so behauptet es das Internet; in meiner Familie hat man sich erzählt, der Ausdruck beziehe sich auf die sparsamen deutschen Touristen der Zwischenkriegszeit, die ihren Österreichurlaub mit reichlich von zu Hause mitgebrachter Marmelade billig hielten. Wie dem auch sei, der Ausdruck existiert in Ostösterreich noch immer, auch wenn die Deutschen heute nicht mehr oder weniger Marmelade essen als die Österreicher.

Im Massenverbrauch von Zucker zeigt sich sehr schön das dialektische Prinzip vom Umschlag der Quantität in Qualität – chemisch ist der Zucker auf der Hochzeitstafel von Heinrich IV. im Jahre 1404 der gleiche wie der Zucker auf dem Frühstückstisch des englischen Arbeiters viereinhalb Jahrhunderte später; die soziale Bedeutung hat sich aber fast ins Gegenteil verkehrt.

Wie war das möglich? Warum wurde der Zucker zu einem Massenprodukt? Um die Mitte des 13. Jahrhunderts kostete das Pfund Zucker zwei Schilling, Ende des 15. Jahrhunderts aber nur noch vier Pence, ein Sechstel. Die atlantischen Inseln Madeira und die Kanaren hatten mit dem Zuckeranbau begonnen, der Preis fiel. In der Preisgeschichte des Zuckers wird ein Schema sichtbar: Jedes Mal, wenn der Preis durch äußere Umstände anstieg, sank die Nachfrage, um bei nachgebenden Preisen sofort wieder zu steigen – auf Höhen, die vorher für undenkbar gehalten wurden. Das Geschäft mit dem Zucker widerlegte die herrschende Wirtschaftstheorie des Merkantilismus, wonach die Nachfrage für jedes Gut im Prinzip eine Naturkonstante ist. Steigende Nachfrage oder Nachfrage nach ganz neuen Gütern war darin nicht vorgesehen. Die Ausweitung der Zuckerproduktion auf die »Zuckerinseln« der Karibik Santo Domingo, Jamaica und Kuba und die Aufnahme des Anbaus im portugiesischen Brasilien ließen den Zuckerpreis im 17. Jahrhundert fallen. Im Jahre 1600 kostete der Zucker wieder zwei Shilling (Inflation!) pro Pfund, 1865 nur noch acht Pence. Von 1600 bis 1740 verzwölffachte sich der Konsum von Zucker.

Damit sind wir schon in der Nähe des magischen Jahres 1747 angelangt, als dem Berliner Apotheker Andreas Sigismund Marggraf der Nachweis gelang, dass der in der ordinären Runkelrübe in winziger Menge vorhandene süße Stoff genau derselbe war wie der im tropischen Zuckerrohr zu immerhin 15 Prozent vorkommende: nämlich Zucker. Marggraf leitete die königliche Hofapotheke *Zum goldenen Bären* in Berlin, er hatte an verschiedenen deutschen Universitäten Chemie, Physik und Hüttenwesen studiert und wurde 1738 besoldetes Mitglied der Berliner Akademie der Wissenschaften, genoss also aufgrund seiner chemischen Forschungen hohes Ansehen. 1747 trug er seine Erkenntnisse über den hohen Zuckergehalt der Runkelrübe der Akademie vor. Er erarbeitete auch ein Verfahren, wie man den Zucker aus der Rübe extrahieren konnte – dann überließ er alles Weitere aber seinem Freund und Schüler Franz Carl Achard, der eigentlich Francois Charles Achard hieß und von hugenottischen Flüchtlingen aus Frankreich abstammte. Diese wurden aus Frankreich vertrieben, König Friedrich Wilhelm I. bot ihnen eine Heimstatt in Preußen; nicht ohne Hintergedanken: das waren durch die Bank sehr fähige Leute – die »Computer-Inder« des 18. Jahrhunderts. Achard war eine schillernde Persönlichkeit und Kristallisationspunkt zahlreicher Anekdoten, vor allem wegen seines exzentrischen Privatlebens. 1776 heiratete er gegen den Willen aller Verwandten eine nicht französisch-reformierte, neun Jahre ältere, geschiedene, vor allem aber arme (!) Frau aus Frankfurt an der Oder, ließ sich sieben Jahre später von ihr scheiden und begann ein Verhältnis mit deren Tochter aus erster Ehe. Für das eher nüchterne Preußen war das schon ein starkes Stück. Achard war Direktor der physikalischen Klasse der Akademie der Wissenschaften in Berlin und stellte vielfältige physikalische und chemische Forschungen an. Berühmt geworden ist er aber durch den Zucker, dessen Produktion unter mitteleuropäischen Verhältnissen er mit deutscher (oder soll man sagen: hugenottischer?) Gründlichkeit erforschte. Zunächst untersuchte er verschiedene heimische Pflanzen auf ihren Zuckergehalt, um dann wieder bei der Runkelrübe seines Meisters Marggraf zu landen. Mehrere Jahre bemüht er sich nun, den Zuckergehalt der Rübe *beta vulgaris* zu erhöhen. 1799 ist er mit den Ergebnissen zufrieden. Er schickt dem König eine Probe weißen Zuckers, gewonnen aus in märkischem Boden gewachsenen Runkelrüben, und bittet um ein Darlehen zur Aufnahme größerer Produktion.

Nun geschieht etwas Seltsames: Friedrich Wilhelm III. ist ein scheuer, linkisch wirkender Mann, der ungern spricht und ebenso ungern Entscheidungen trifft. Friedrich Wilhelm ist sparsam, an Pomp nicht interessiert. Sein Freizeitvergnügen besteht in Spaziergängen mit seiner geliebten Königin Louise im Berliner Tiergarten, wo ihn Passanten mit »Guten Tag, Herr König!« grüßen. Auch kulinarisch ist der Preußenkönig wohl nicht zuckeraffin. Als man ihm statt brandenburgischer Hausmannskost edlere Genüsse naheegt, bemerkt er, sein Appetit habe durch die Krönung nicht zugenommen. Und an diesen Mann richtet Franz Karl Achard sein Darlehensgesuch zur Gründung einer Zuckerfabrik. Noch der Großonkel des Königs, Friedrich der Große, hatte ausländische Erzeugnisse verabscheut, nicht, weil sie ausländisch waren, sondern weil sie für teures Geld eingeführt werden mussten. Hohe Zölle sollten das eindämmen. Berühmt ist seine Antipathie gegen Kaffee. Zucker hat er aber schon gegessen, allerdings ließ er nur geringe Mengen der schlechtesten und billigsten Sorten einführen und aus der Privatschatulle bezahlen; der am Hof weilende Voltaire hat sich darüber beklagt, wie schlecht raffiniert der zugeteilte Zucker sei.

Die Zeiten haben sich geändert. Friedrich Wilhelm III. gewährt Achard einen Hypothekarkredit von 50 000 Talern. Innerhalb von vier Tagen! Achard kauft das an der Oder gelegene Gut Cunern und beginnt dort mit der Zuckerproduktion. Schon 1802 kommt der erste preußische Zucker in den Handel. Seine Fabrik, die erste Rübenzuckerfabrik der Welt, brennt zwar 1807 ab, jedoch lässt der König die Hypothek als Anerkennung für Achards Verdienste löschen, verpflichtet ihn, das Gut Cunern zu einer Lehranstalt umzuwandeln, wo Interessierte die Rübenzuckerproduktion erlernen können.

Wie kam es beim Zauderer Friedrich Wilhelm zu dieser raschen Entscheidung? Einen Hinweis gibt folgende kuriose Geschichte: Im Jahr 1800 wurden Achard von anonymen Personen 50 000 Taler angeboten, wenn er seine Zuckersiederei aufgebe, zwei Jahre später erhöhte man auf die unglaubliche Summe von 220 000 Talern. Achard blieb standhaft und schlug die Angebote aus. Hinter diesen Bestechungsversuchen steckte die englische Zuckerindustrie, die ihren europäischen Markt zusammenbrechen sah. Für das arme Preußen war der eigene Zucker eine Chance, Geld zu sparen.

Die Weltproduktion liegt heute bei 157 Millionen Tonnen, vier Fünftel stammen aus Zuckerrohr, der Rest aus der Rübe. Europa erzeugt 15 Prozent der Weltproduktion.

Abschließend stellt sich die Frage: Was hat den Zucker so ungeheuer populär gemacht? Die schlichte Süße selbst? Schon Babys lächeln nur, wenn etwas süß schmeckt, nicht bei anderen Geschmacksrichtungen. Allerdings: Die Süßkraft ist eine dimensionslose Zahl und teilt mit, wie viel mal süßer als Saccharose ein Stoff ist, diese, der gewöhnliche Rohr- oder Rübenzucker, hat den Wert 1. Alle anderen Süßungsmittel sind Hunderte bis Tausende Male süßer als Zucker. Ihnen fehle aber, heißt es, das »Vollmundige«, der Körper … Ich glaube, ihnen fehlt schlicht der Energiegehalt. Ich habe es schon erwähnt: Zucker hat immerhin 60 Prozent des Energieinhaltes der gleichen Gewichtsmenge Benzin. Diese Energie steht dem Körper überdies sofort nach Verzehr zur Verfügung. Die Verdauung von Stärke dauert länger, noch umständlicher ist die von Fett, Zucker dagegen lässt »Gas geben«, besonders, wenn er in heißem Wasser aufgelöst wird, wie beim Tee. Noch schneller verfügbar ist er nur noch, wenn er gespritzt wird.

Die neuere Forschung scheint das Rätsel nun gelöst zu haben. Im Gehirn beeinflusst Zucker verschiedene Neurotransmitter: Der Serotonin- und Dopamingehalt steigt an, es werden vermehrt Endorphine gebildet, die das Schmerzempfinden verringern. Besonders Serotonin ist das körpereigene »Wohlfühlhormon«, geringe Serotoninspiegel sind mit depressiven Zuständen verbunden. Zuckerkritiker, die den süßen Stoff als Droge bezeichnen, übertreiben aber. Es gibt keinen Zuckerjunkie, der bei Zuckerabstinenz schwere Entzugssymptome zeigt. Das weiß man aus Laborversuchen. Jeder Europäer verbraucht im Jahr 38 Kilo weißen Zucker, jeder Amerikaner aber nur 30 Kilo; die Fettleibigkeit, die in den USA so häufig auftritt, kommt also nicht vom normalen Zucker, sondern vom Glucosesirup, der aus Mais hergestellt wird. Oder? Oder nicht? All diese Zahlen täuschen. Was soll man zum Beispiel davon halten, dass die armen Kubaner ebenso viel Zucker verzehren wie die reichen Schweizer, nämlich jeweils über 60 Kilo? Der Unterschied im Lebensstandard zwischen Kuba und der Schweiz ist so erheblich, dass die These, hoher Zuckerkonsum sei in der Neuzeit ein Zeichen der Armut, nicht mehr haltbar scheint. Mit 38 Kilo Zucker pro Kopf liegt der heutige EU-Verbrauch knapp unter dem englischen am Beginn des 20. Jahrhunderts (40 Kilo). Zurückhaltung beim Zucker üben nur die Asiaten. Dort liegt der Verbrauch bei 18 Kilo, in China sogar nur bei knapp 12.

Zucker ist eine erstaunliche Substanz. In fünfhundert Jahren ist seine Produktion unaufhaltsam gewachsen; kein Rückschlag hat länger als zehn Jahre gedauert. Nur die Sklavenaufstände in Haiti führten zwischen 1793 und 1801 zu einem Rückgang. Allerdings gab es auch schon im 18. Jahrhundert, als die Plantagenwirtschaft noch in voller Blüte stand, Überproduktion und Absatzprobleme in England. Die löste man durch Einführung einer Rumration bei der britischen Marine. Einen viertel Liter pro Mann und Tag. Später wurde sogar auf einen halben Liter erhöht. So bekam man wenigstens die Melasse los, die anders nicht abzusetzen war. Solche Aktionen waren den Befürwortern der Globalisierung ein Dorn im Auge; sie hieß damals noch nicht so, sondern Freihandel – ungehinderter Handel um die ganze Welt sollte ohne Zollschranken und sonstige Behinderungen das jeweils billigste Produkt verfügbar machen und dadurch die allgemeine Wohlfahrt fördern, und so weiter und so fort. Ich werde mich hier nicht damit aufhalten – die Argumente klingen sehr modern, weil man sie heute wieder hört, das Ganze lässt sich aber auch umdrehen: Man hört die Argumente der Liberalen *wieder* und sie klingen *gestrig*. Die Freihändler haben sich damals durchgesetzt, wie sie das ja auch heute tun. Als Positivum verbleibt immerhin die Abschaffung der Sklaverei in englischen Kolonien 1834 bis 1838, auch wenn sie nicht aus Humanismus geschah, man wollte billigeren Zucker, der kam aus Brasilien. Hier hatten die englischen Industriekapitalisten ihre Standesgenossen in Übersee schlicht und einfach verraten.

Die Freihandelsidee führt auf dem Kontinent zu theoretischen Auswüchsen: In Frankreich und Deutschland wurde allen Ernstes vorgeschlagen, die Zuckersiedereien nach Achards Verfahren staatlicherseits abzulösen und zuzusperren, also – wie heißt das heute? – ja richtig: abzuwickeln. Wegen mangelnder Konkurrenzfähigkeit und falscher Ressourcenallokation und so weiter ... Die Pläne blieben Theorie, eine »Treuhand« wurde nicht gebildet.

Mit der letzten Bemerkung sind wir in der Gegenwart und Zukunft des Zuckers. Was Europa angeht, ist sie zumindest zweifelhaft. Sein gesellschaftliches Image ist mit Jahrhunderten der Sklaverei belastet, sein medizinisches mit Karies und Adipositas und weiteren Übeln, deren Aufzählung ich mir erspare – wer sich gern selber Angst macht, gehe ins Internet. Der fortschrittliche Teil der Menschheit verabscheut den Zucker und erzieht die Kinder zuckerfrei. Zu Weihnachten gibt es beispielsweise spärlich mit Honig gesüßte Dinkelplätzchen, die aussehen wie altgermanische Opferkuchen. Sie schmecken auch so ...

Die Industrialisierung des Zuckers ist sein Spezifikum und sein Verhängnis. Die Verarbeitung des Rohrzuckers auf den Plantagen der Karibik erfolgte nach arbeitsteiligen Abläufen der großen Industrie, die sonst noch nicht existierte. All die einzelnen Prozessschritte des Schneidens, Auspressens, Siedens, Filtrierens, Kristallisierens müssen zeitlich genau abgestimmt sein, sonst misslingt die Produktion. Wenn das Zuckerrohr reif ist, muss es ausgepresst werden, der Saft sofort weiterverarbeitet, er verdirbt sonst. Man bildete sich sogar ein, auch das Sieden dürfe, einmal begonnen, nicht unterbrochen werden, das war ein tragischer Mythos. Diese ganzen Umstände führten aber dazu, die Einzelschritte wie die Räder eines Uhrwerks ineinandergreifen und eine Industrie ohne aufwendige Maschinerie entstehen zu lassen. Die menschlichen »Rädchen« waren dabei die Vorläufer der stählernen Räder der riesigen Maschinen, die noch in der Zukunft lagen; mit den Sklavenkörpern wurde die »Maschine« als Inbild der Industrie vorgeformt. Denn die Maschine ist nicht durch ihr überragendes Material definiert und nicht durch hohen Energiebedarf, nicht durch Größe und Ausstoß. Sondern durch das abgestimmte, keine zeitliche Abweichung zulassende Ineinandergreifen ihrer Teile. Die können aus hartem Stahl, aus zähem Holz oder weichem Fleisch und zerbrechlichen Knochen bestehen – die leicht »vernutzt« werden, wie Marx es nannte.

Es war der Zucker selbst, der die industrialisierte Produktion erzwang – wenn (dieses »wenn« ist allerdings entscheidend) – wenn man sich darauf versteifte, nicht ein paar Zentner des weißen Goldes herzustellen, sondern Hunderte und Tausende Tonnen; wenn man die große Masse wollte. Massenhafte Produktion, massenhaften Absatz, massenhaften Gewinn. Der Preis dafür ist nicht nur die kollaterale Produktion von Massenelend und Massentod durch Arbeit, sondern auch die Verwandlung des »weißen Goldes« des 17. Jahrhunderts in den »weißen Dreck« des 20.

Zucker ist schädlich. Zucker ist böse. Weiße Kristalle wie Heroin oder Kokain. (Die Erzeugnisse der Pharmaindustrie sind auch alle weiß, kann das Zufall sein …?) Aber nun, da wir die Dinge anders sehen, da wir die Werte umwerten, da wir im Zucker das Böse seiner Geschichte schmecken – wo ist denn das ursprünglich Gute, das »Urgute« des Zuckers hingekommen? Das kann doch nicht sein, dass eine Substanz gleichzeitig gut und böse ist? Nein, das kann nicht sein. Man muss das fein säuberlich auseinanderhalten. Es hilft nichts: Das ursprünglich Gute ist von der Masse abgetrennt worden – eben durch den vermaledeiten Prozess der »Reinigung«, der Raffination. Was übrig bleibt, ist leer und weiß und profitbringend und schädlich. Zucker eben. Was weggeschmissen wurde oder an Vieh verfüttert, ist gehaltvoll, braunschwarz und gesund. Die Melasse.

In der Melasse befindet sich nun alles Gute, der weiße Zucker symbolisiert das Böse. Dabei muss die Melasse nicht einmal aus den Tropen kommen. Vor einigen Jahren entdeckte ich in einem Supermarkt der Kanareninsel Teneriffa ein Glas mit dunklem, fast schwarzem Inhalt. Die Rückseite des Etiketts informierte in kleingedrucktem Spanisch, wie gut und wertvoll diese Masse sei, stamme sie doch von »Zuckerrüben aus Deutschland«; die ganzen Vitamine, Spurenelemente etc. pp. seien darin eben noch enthalten ... Zur Unterstreichung der »exotischen« Herkunft zeigte die Vorderseite des Etiketts ein buntes Bildchen. Mitteleuropäische Hügellandschaft mit dunklem Tann, aus dem tatsächlich ein Reh hervorlugte; der Schwarzwald als spanischer Sehnsuchtsort, Sinnbild des ganz anderen, nun also Deutschen. Denk ich an Deutschland in der Nacht – fällt mir Rübenzuckermelasse ein. Die einheimische Rohrzuckermelasse als besonderen Gesundheitsstoff zu bewerben, war auf Teneriffa wohl aussichtslos, wächst dort das süße Rohr doch als allergewöhnlichstes Ziergras in den Hausgärten; gut sein kann nur, was von weit her kommt.

Der Zucker hat die Welt verändert.

Weil er in den Hirnstoffwechsel eingreift. Und weil er ein so schönes Symbol ist. Der weiße Zucker und der weiße Mann ...

Riesige Assoziationsketten knüpfen sich daran wie von selbst. Der Zucker ist *aufgeladen*. Wir lieben ihn oder wir meiden ihn. Aus gesundheitlichen und vielen anderen Gründen; egal aus welchen, jeder und jede darf sich das Passende aussuchen.

Man vergisst leicht, dass wir mit dem Fortschreiten US-amerikanischer Kulturdominanz auch alle ein bisschen protestantischer werden. Luxus ist schädlich, kein Wunder, wenn ein Luxusgut, wie es der Zucker war, seine Schädlichkeit nicht nur beibehält, sondern verhältnismäßig vermehrt, wenn man ihn massenhaft konsumiert; beim Zucker ist die Rationalisierung dieser Schädlichkeit durch anhaftendes Sklavenelend besonders einfach; ich halte mich und meine Kinder vom Zucker fern, weil er die Zähne ruiniert, fett macht und so weiter, in Wahrheit aber, weil er eine Sünde ist. Der Protestantismus in seinen weltlichen Formen bietet eben die Möglichkeit, *fromm* zu sein, ohne etwas *glauben* zu müssen. Wenn ich dennoch Zucker esse, tue ich es mit schlechtem Gewissen – und dieses schlechte Gewissen hat eine seltsame Auswirkung auf den genossenen Zucker.

Er wird süßer.

DDT

DDT – *Dichlordiphenyltrichloräthan.* Schon die zungenbrecherische Bezeichnung hat etwas Abschreckendes, vor allem, wenn sie wie hier in einem Wort geschrieben wird. Das erinnert an gewisse Buchstabenrätsel, bei denen man bekannte Wörter aus einer zwischenraumlosen Kette herauslesen muss. Woher soll ein normaler Mensch wissen, wo ein Wortbestandteil aufhört und der andere anfängt? Dabei bezeichnet das Wortmonster nichts anderes als die Bestandteile des Moleküls. *di-* und *tri-* sind die aus dem Griechischen stammenden Zahlbezeichnungen für »zwei« und »drei«. Warum Griechisch? Weil die Wissenschaftler, die diese Benennungen im 19. Jahrhundert eingeführt haben, sich gar nichts anderes vorstellen konnten als Griechisch oder Latein, wenn es um wissenschaftliche Bezeichnungen ging, egal, ob Medizin, Zoologie, Physik oder Chemie betroffen waren. All diese Herrschaften hatten ein humanistisches Gymnasium besucht und waren mit Griechisch traktiert worden. Diese Griechenaffinität der abendländischen Naturwissenschaft ist ein Beispiel für die seltsame Tatsache, dass zeitlich weit auseinander liegende Epochen geistig näher verwandt sind als zeitliche Nachbarn. Der Grieche Demokrit hatte sich schon lange vor Christi Geburt die Atome ausgedacht (und niemals etwas in die Hand genommen, was einem wissenschaftlichen Instrument auch nur entfernt ähnlich gesehen hätte). Dabei übersah man großzügig, dass der die letzten tausend Jahre deutlich populärere Grieche Aristoteles von den Atomen überhaupt nichts hielt. Aber das durfte man verzeihen, vor allem unter Berücksichtigung der Tatsache, dass bis in die Gegenwart des 19. Jahrhunderts bedeutende Köpfe die Existenz von Atomen bezweifelten. Der österreichische Physiker Ernst Mach, nach dem die Einheit der Schallgeschwindigkeit benannt ist, pflegte jedes Gegenüber, das von Atomen zu reden begann, mit der berühmten Sentenz zu unterbrechen: »Ah, Atome! – Ham s' scho eins gsehn?«

Aber es ist wahr: Eben weil Demokrit die Existenz kleinster unteilbarer Teile der Materie, sogar unterschiedliche Sorten von ihnen durch reine Spekulation gewonnen hatte, hätte er die Struktur einer Substanz wie DDT verstanden. Hergeholt mit einer Zeitmaschine aus dem vierten Jahrhundert v. Chr., würde man ihm die Sache in fünf Minuten auseinandersetzen (flüssiges Altgriechisch vorausgesetzt). Dasselbe stieße bei einem Scholastiker des Hochmittelalters auf deutlich größere Schwierigkeiten – wie auch bei ganz normalen Mittelschülern der Gegenwart.

Wenn man es einfach macht, dieses Erklären, braucht es aber nicht einmal fünf Minuten.

Die Abkürzung *Cl* steht für jeweils ein Chloratom, alle Ecken in der Zeichnung sind von Kohlenstoffatomen (C) besetzt, die Wasserstoffatome (H) sind weggelassen, die dürfen Sie selber einzeichnen. Wo? Ganz leicht: überall, wo mehrere Bindungsstriche zusammenkommen, müssen vier Striche abzweigen, sind es nur drei, darf man einen vierten einzeichnen mit einem Wasserstoffatom am Ende.

Was als Erstes auffällt – eine Menge Chlor in diesem Molekül. Tatsächlich ist DDT der einprägsamste Vertreter der von Grünbewegten so heftig gescholtenen Chlorchemie. Das berüchtigte Dioxin enthält ebenfalls einen Haufen Chlor an solchen Sechsecken, ist aber deutlich giftiger als DDT. Der ukrainische Präsident Juschtschenko wird das bestätigen; er wurde mit Dioxin vergiftet und hat nur mit Glück überlebt. Dieselbe Menge DDT hätte überhaupt keine Wirkung erzeugt.

Wie entsteht eine solche Formel? Wie kommt sie in die Welt? Was ist die Absicht, so etwas herzustellen? Der Schweizer Chemiker Paul Hermann Müller erhielt 1948 den Nobelpreis für Medizin für seine Entdeckung, dass DDT Insekten tötet. Wie bitte? Man muss diesen Satz ein wenig wirken lassen: Dieses Komitee vergibt den höchsten Wissenschaftspreis an einen Menschen namens Müller für ein Mittel gegen Mücken? Dabei hat er die Substanz gar nicht selbst – nein, nicht *entdeckt*, sondern *erschaffen*. Endecken kann man nur, was in der Natur schon vorkommt. DDT kommt nirgends vor. Nicht auf der Erde, nicht in diesem Teil des Universums. Es muss hergestellt werden. Das tat als Erster der Österreicher Othmar Zeidler im Jahre 1874. Um ein Insektenmittel zu gewinnen? Ach woher! Der damals fünfundzwanzigjährige Zeidler studierte in Straßburg beim berühmten Professor Adolf v. Baeyer und hatte einfach dem Auftrag, im Rahmen seiner Doktorarbeit gewisse Substanzen herzustellen. Natürlich nicht irgendwelche ausgedachte Formeln, sondern die Ergebnisse von Reaktionen, die »vielleicht gehen« … In seinem Fall war das die Reaktion von Chlorbenzol (links) und Chloral (rechts).

Am Chlorbenzol sind an den Ecken noch 5 Wasserstoffatome zu ergänzen, das Chloral ist komplett. Das nackte Sechseck ohne Chlor ist Benzol, das im Steinkohlenteer vorkommt. Mit Chlor entsteht daraus Chlorbenzol, ein weißes Pulver, das nach Mottenkugeln riecht. Es ist giftig. Man verwendet es als Lösungsmittel für Fette, Öle und Harze – als solches darf es mit den Stoffen, die man darin auflösen will, nicht reagieren. Das tut es auch nicht, Chlorbenzol ist ziemlich *reaktionsträge*. Vielleicht, dachte sich wohl Adolf v. Baeyer, reagiert es aber doch mit einem Partner, der entsprechend *reaktionsfreudig* ist? Zum Beispiel mit Chloral. Die 3 Chloratome in diesem Molekül machen das zweite Kohlenstoffatom, an dem der Sauerstoff hängt, nämlich richtig »scharf«; sie ziehen ihm Elektronen aus seiner Hülle ab, weshalb es elektrisch positiv wird und sich schleunigst an geeignete Partner anlagert, die irgendwo eine Elektronenwolke herausstehen haben. Das Bestreben geht immer dahin, Ladungen auszugleichen und einen niedrigen Energiezustand zu erreichen – keine getrennten Ladungen, keine Spannungen und so weiter.

Eine solche Elektronenwolke besitzt das sechseckige Chlorbenzolmolekül, man nennt das Ganze dann *elektrophile Addition*, also »elektronenliebende Anlagerung«, das ist genau, was das positivierte Chloral macht; es »liebt« die Elektronen der Ringmoleküle sogar so sehr, dass es sich an zwei davon anlagert. Der Sauerstoff wird als Wasser abgespalten: Um das zu erreichen, muss man nur ordentlich konzentrierte Schwefelsäure verwenden, damit wären wir auch schon beim Kochrezept: Man mischt Chlorbenzol mit Chloral und Schwefelsäure und rührt kräftig durch. Alles Weitere passiert von allein, sogar so heftig, dass gekühlt werden muss (durch die Zugabe von Eis). Ob das Ganze im Labor oder in der Fabrik stattfindet, macht in diesem speziellen Fall keinen großen Unterschied, man braucht einfach ein säurefestes Gefäß, einen Rührer und Geduld.

Nach acht Stunden hat ein Industrieansatz durchreagiert, das Produkt DDT ist praktischerweise ein Feststoff und lässt sich von der Schwefelsäure abfiltrieren, die Reinigung des Produktes erfolgt durch Standardoperationen, die hier nicht interessieren. Worauf ich mit dieser relativ genauen Schilderung hinauswill: Es ist sozusagen keine Kunst. Auch dem guten Othmar wird die Aufgabe keine schlaflosen Nächte bereitet haben, die Reaktion gelingt auch mit den Labormitteln des 19. Jahrhunderts. Er stellte die Substanz her, reinigte sie, stellte den Schmelzpunkt fest (109 Grad Celsius) und die Summenformel ($C_{14}H_9Cl_5$), schrieb das Ganze säuberlich in seine Dissertation – und das war's. Es ging einfach darum, ob diese Reaktion funktionierte und was dabei herauskam: Chlorbenzol und Chloral ergibt Dichlordiphenyltrichloräthan. Aha. Insektizide Wirkung? Davon ist keine Rede.

»Beitrag zu Kenntnis der Verbindungen zwischen Aldehyden und aromatischen Kohlenwasserstoffen« hieß die Doktorarbeit Zeidlers, er hat also noch andere Produkte hergestellt, später übernahm er eine Apotheke in Wien, 1911 ist er gestorben, von der insektentötenden Wirkung seines DDT hat er nie erfahren – und er hat, ich wage diese Vermutung, an diesen speziellen Stoff in seinem späteren Leben nie mehr einen Gedanken verschwendet. Leicht möglich, dass Othmar Zeidler nicht nur der erste Mensch war, der DDT synthetisierte, sondern für sechs Jahrzehnte auch der letzte: die Substanz war zu nichts zu gebrauchen. DDT diente als Mosaikstein zur Erlangung eines Doktortitels und zu nichts sonst.

Sechzig Jahre später: Die Schweizer Chemiefirma Geigy AG war bisher auf sogenannte Feinchemikalien spezialisiert; ihr Renner war ein Wollfarbstoff. Ende der Dreißigerjahre des 20. Jahrhunderts fanden die Inhaber, dass sich Geigy breiter aufstellen müsste, wenn die Firma konkurrenzfähig bleiben wollte. Sie hatte circa hundertachtzig Jahre vorher als Handelsunternehmen für »Materialien, Chemikalien, Farbstoffe und Heilmittel aller Art« begonnen, erst später Pflanzenfarben extrahiert und ab 1859 den Farbstoff Fuchsin hergestellt.

Nach der Krise von 1929 litt auch die chemische Industrie der Schweiz unter einem Konjunktureinbruch; um nicht allein auf die Textilfarbstoffe angewiesen zu sein, bedurfte es der Diversifizierung und neuer Forschungsfelder. Forschungsleiter Paul Läuger erhielt den Auftrag, nach synthetischen Insektiziden zu suchen. Das sind solche, die man aus einfachsten Grundbestandteilen im Labor zusammenkocht – das Gegenteil, die natürlichen Insektizide, kommen eben als Naturprodukte schon in Pflanzen vor. Zum Beispiel das schon im 19. Jahrhundert bekannte Pyrethrum, ein Insektenpulver, das aus verschiedenen Chrysanthemenarten gewonnen und auf dem Balkan und in Russland angebaut wurde. Warum hat man dann nicht einfach diese Naturstoffe analysiert, sprich ihre Struktur aufgeklärt und dann im Labor nachgebaut? Weil diese Substanzen kompliziert gebaut sind; entsprechend kompliziert und teuer ist die Synthese. Im Fall der Pyrethrine gelang sie erst nach dem Zweiten Weltkrieg.

Die Firma Geigy hatte schon das Mottenmittel Mitin entwickelt. Dieses Molekül hat gewisse strukturelle Eigenheiten in Bezug auf einen Farbstoff – kein Wunder, Geigy war zu jener Zeit eine Farbenfabrik. Mitin verhielt sich wie eine Textilfarbe und »zog auf die Faser« auf. Dieses Verhalten, mit der Faser eine mehr oder weniger unlösliche Verbindung einzugehen, die weder durch Waschen noch durch Licht wieder zu lösen war, erwartete man von einer anständigen Farbe. Mitin war zwar farblos, machte diesen für einen Farbstoff doch deutlichen Nachteil aber durch einen überragenden Vorteil wett: es war giftig für Motten, die einen Mitin-gefärbten Faden fraßen. Noch besser wäre nun ein Mittel gewesen, das die Viecher durch bloße Berührung umbrachte, ein Kontaktinsektizid.

Mitin

Auf die Formel brauchen wir nicht näher einzugehen, was aber gleich auffällt, sind ziemlich viele Chloratome an sechseckigen Strukturen, den schon bekannten Benzolringen. Der Verdacht liegt nahe, dass die Giftwirkung auf Gliederfüßer etwas mit diesem Strukturelement zu tun haben könnte. Wie will man das aber wissen? Man probiert es aus, soll heißen, man testet so viele Stoffe wie möglich auf ihre insektentötende Wirkung; heute nennt man das *Screening*. Forschungsleiter Läuger beauftragte den Chemiker Paul Hermann Müller mit dieser speziellen Aufgabe.

Müller hatte keine typische Forschungskarriere hinter sich. Geboren wurde er 1899 im schweizerischen Olten, sein Vater war Beamter bei der Eisenbahn. Die Familie zog nach Basel um, Paul, das älteste von vier Kindern, ging auf die Realschule – und nicht aufs humanistische Gymnasium, wie das zum Aufstieg ins gehobene Bürgertum notwendig gewesen wäre. Aber auch in der Realschule begeisterte er sich nur für die naturwissenschaftlichen Fächer, mit sechzehn ging er wegen schlechter Noten (man darf hier sprachliche Fächer vermuten) von der Schule ab und wurde Laborant bei der Cellonitgesellschaft Dreyfuss & Cie. Die erst 1912 gegründete Firma stellte feuerfestes Celluloid für Filme und besondere Lacke für deutsche Flugzeuge und Luftschiffe her. Müller erkannte bald, dass sein berufliches Fortkommen durch die fehlende »Maturität« (Abitur) behindert war. Er kehrte 1918 in die obere Realschule zurück und bestand ein Jahr später die Prüfung mit Bestnote. Sofort begann er an der Uni Basel Chemie, Physik und Botanik zu studieren. Von da an lief es wie am Schnürchen. Dissertation in organischer Chemie, Doktorat 1925, schon im Mai desselben Jahres Eintritt in die Fa. Geigy als Forschungschemiker.

Wie stellt man nun die Wirksamkeit von Stoffen gegen Insekten fest? Man baut sich einen Glaskasten, in den man Schmeißfliegen einbringt und anschließend durch ein Loch im Boden die jeweilige Substanz hineinsprüht. So machte es jedenfalls Dr. Müller. Er hatte schon mehr als dreihundert Substanzen getestet, ehe er auf DDT kam. Es fiel ihm auf, dass die Wirkung nicht sofort einsetzte, sondern erst nach Stunden. Damit entsprach es eigentlich nicht dem Anforderungsprofil des gesuchten Insektizids, das sollte nämlich unmittelbar wirksam sein wie das Pyrethrum. Aber manchmal muss man auch von den eigenen Grundsätzen abweichen. Müller entdeckte noch etwas: Der DDT-verseuchte Glaskasten behielt seine tödliche Wirksamkeit auch nach mehrmaliger gründlicher Reinigung – man würde also nur geringste Mengen des Giftes brauchen.

Bei solchen Sätzen stellen sich dem Gegenwartsmenschen die Haare auf: Was ist mit der Giftigkeit für den Menschen, mit der Rückstandsgefahr, der Abbaubarkeit? Von diesen Kriterien existierte erst die normale Toxizität, die anderen waren unbekannt, kein Thema. Und giftig für den Menschen war das Zeug nicht. Es brannte nicht auf der Haut oder in den Augen und erzeugte keine Atemnot, also war es nicht giftig, oder?

Nach den Erfahrungen des Ersten Weltkriegs wusste man, was ein richtiges Gift ist: Gelbkreuz, Blaukreuz, Grünkreuz. Gifte machen blind, Blasen auf der Haut und man hustet sich stückweise die Lunge aus dem Leib. Das sind Gifte! Dagegen ist DDT wie Babypuder. Für Mikrogrammfuchserei bei Rückstandanalysen gab es weder Bedarf noch die nötige Apparatur. Es ist die Ironie der Geschichte, dass diese Substanz, das erste moderne Insektizid, die Einstellung nicht nur der Fachleute, sondern der breiten Öffentlichkeit grundsätzlich ändern sollte. Mit DDT beginnt der Generalverdacht, unter dem die Chemie bis heute steht. Von etwas Fortschrittlichem hat sie sich zum Dämonischen gewandelt, eine tödliche Bedrohung, gepaart mit reiner Heimtücke.

Doch zunächst war alles eitel Wonne: Mit DDT besaß die Fa. Geigy das gewünschte, universal einsetzbare Insektenmittel. Als medizinisches Produkt entwickelte man »Neocid«, als Agrarchemikalie »Gesarol«. Die Wirksamkeit des Mittels wurde 1939 entdeckt. Der nachfolgende Zweite Weltkrieg verlieh der Substanz eine Bedeutung und Verbreitung, die sie ohne den Krieg nie erreicht hätte. Warum?

Bis ins 20. Jahrhundert starben an kriegsbegleitenden Epidemien oft mehr Menschen als durch militärische Einwirkungen. Besonders gefürchtet war das Fleckfieber, das bezeichnenderweise auch Läusefieber oder Kriegsfieber, auch Flecktyphus genannt wurde. Hervorgerufen durch bestimmte Parasiten, sogenannte Rickettsien, übertragen vor allem durch Läuse. Große Menschenansammlungen unter prekären hygienischen Bedingungen, wie sie in Kriegszeiten üblich sind, führen zur explosiven Ausbreitung der Parasiten. Schon im Ersten Weltkrieg hatte man das erkannt und durch »Entwesung« hintanzuhalten versucht. In eigens konstruierten Baracken wurden die abgelegten Kleider mit heißem Dampf und Blausäure behandelt, die Leute mit Seifenlauge und Petroleum gewaschen – umständliche und langsame Verfahren. Das DDT, vermischt mit Talkumpulver, konnte mit Druckluft einfach unter die Kleidung geblasen werden, niemand musste sich ausziehen, es brauchte zur Entwesung keinen Dampf und keine Giftgase. Die Militärs waren begeistert. Der größte, auch propagandistisch genutzte Erfolg war die Bekämpfung einer Seuche im 1944 eroberten Neapel durch amerikanische Truppen. Die schon ausgebrochene Fleckfieberepidemie konnte durch Anwendung von DDT in 43 Stationen beendet werden. 1,3 Millionen Personen wurden behandelt, trotzdem starben 250 000 Menschen an dieser Krankheit (eben am Flecktyphus und nicht am »normalen« Typhus, wie immer wieder zu lesen ist; der wird nämlich durch Bakterien über fäkalienverunreinigtes Wasser übertragen, Läuse haben nichts damit zu tun, daher kann man Typhus auch nicht mit Insektiziden bekämpfen).

DDT wurde in den Kriegsjahren in der Schweiz wie auch von Lizenznehmern in Europa und den USA in großen Mengen hergestellt. Für Geigy war die Substanz eigentlich eine Enttäuschung – es ließen sich nie die hohen Gewinne erzielen, an die eine Feinchemikalienfirma gewohnt war. Immerhin war DDT ein Standbein und brachte so viel Geld ein, dass man die Entwicklung der neuen Unkrautvertilgungsmittel Atrazin und Simazin bezahlen konnte, die dann, anders als DDT, wirkliche Renner wurden.

Das war auch bitter nötig, denn die Schwächen von DDT erwiesen sich zum Teil schon in den Vierzigerjahren. Bei der Bekämpfung des Maikäfers in der Schweiz war Insektenkundlern aufgefallen, dass DDT nicht nur die Maikäfer umbrachte, sondern auch zahlreiche andere Insekten, wodurch die Artenzusammensetzung massiv beeinflusst wurde. Heute erscheinen diese Zusammenhänge vollkommen trivial, aber damals dachte man noch nicht in ökologischen Zusammenhängen. Ein Insektizid, das eine größere Menge der natürlichen Feinde der Zielinsekten umbringt als diese selbst, ist kontraproduktiv. Das zweite große Fragezeichen des DDT-Einsatzes stand über der Resistenzbildung. Als erste Berichte darüber bei der Herstellerfirma eintrafen, dachte bezeichnenderweise niemand an biologische Ursachen. Man nahm an, bei der Produktion sei etwas schiefgelaufen, unabsichtlich sei ein Produkt mit minderer Wirksamkeit, also mit falscher chemischer Zusammensetzung, ausgeliefert worden. Erst als man sich Proben der neuen resistenten Fliegen besorgt und nachgezüchtet hatte, musste man sich zur Einsicht bequemen, dass es an den Fliegen lag und nicht am Produkt. Was hatten die gemacht?

Bloß das, was Fliegen immer machen. Fressen und sich vermehren. Mehr ist auch nicht nötig, alles andere besorgt die Evolution. Einige Individuen tragen genetische Abweichungen, die unter normalen Umständen keine Rolle spielen, bei einem Stressfaktor von außen aber wirken: Sie kommen wegen leicht geänderter Biochemie mit dem Gift besser zurecht und überleben. Damit vererben sie die Resistenzgene an alle Nachkommen. Weil bei Insekten die Generationen schnell aufeinander folgen, wird innerhalb von Monaten, höchstens wenigen Jahren die ganze Insektenschaft resistent gegen das Gift. Als man das erkannt hatte, erhöhte man den DDT-Gehalt von 5 Prozent auf 50 und setzte es in Gemischen mit anderen Insektiziden ein.

Es gab jedoch gegen den massenhaften Einsatz von DDT auch Widerstand, der in den USA schon relativ früh in den Vierzigerjahren einsetzte und sich kontinuierlich bis zum vielleicht entscheidenden Ereignis in der Geschichte des Naturschutzes steigerte: 1962 veröffentlichte die Wissenschaftsjournalistin Rachel Carson ihr wahrhaft epochemachendes Werk »The Silent Spring«. Sie zeichnete darin das Bild einer ausgeräumten, von Insekten wie von Vögeln befreiten Landschaft. Die negativen ökologischen Folgen des Chemieeinsatzes bestimmen schon den Titel: Der Frühling bleibt eben »stumm«, weil mit den Insekten auch die Vögel verschwinden, nach Vergiftung natürlicher Kreisläufe schließlich auch die Menschen verschwinden würden. Man kann die Wirkung, die »Der stumme Frühling« auf die öffentliche Meinung hatte, nicht hoch genug einschätzen. Das Buch katalysierte die Umweltbewegungen in Amerika und Europa; man hat ihr Buch mit Harriet Beecher Stowes »Onkel Toms Hütte« verglichen, das 1852 erschienen und ein entscheidender Faktor für die Abschaffung der Sklaverei gewesen war.

Rachel Carson konnte auf beeindruckende Fehlschläge der Chemie hinweisen: Die Kampagne gegen den Schwammspinner, ein aus Europa eingeschleppter Nachtfalter, der das Ulmensterben verursachte, und auch der Feldzug gegen die Feuerameise endeten in einem Desaster. Beide Insektenarten waren nach der Bekämpfung weiter verbreitet als vorher, dafür hatte man sich mannigfache Folgeschäden bei anderen Tierarten, auch Nutztieren, eingehandelt.

Inzwischen mehrten sich die Anzeichen, dass DDT sich in der Nahrungskette anreicherte, ja, der Begriff »Nahrungskette« erreichte seine volle Bedeutung überhaupt erst im Zusammenhang mit »Anreicherung« und »DDT« – die drei bildeten für eine ganze Generation einen Assoziationszusammenhang; wer das eine dachte, dem fielen auch die beiden anderen ein. Und an der Spitze dieser Kette, beim Menschen, kommt das ganze Gift dann an – recht so, denn er hat es ja verursacht, nicht wahr?

Die Anreicherungsfaktoren sind abenteuerlich: Fische konzentrieren das Gift im Fettgewebe bis zu 100 000 Mal, Muscheln bis zu 600 000 Mal. Bei den Lebewesen, die dann Meerestiere fressen, geht das noch weiter. Die Sache wäre für DDT vielleicht glimpflicher ausgegangen, wenn nicht eines der Meerestiere fressenden Geschöpfe der Weißkopfseeadler gewesen wäre, das amerikanische Wappentier; auch in Europa bekannt aus Film und Fernsehen – wenn eine US-Bundesbehörde verbildlicht wird, taucht der imposante Vogel irgendwo auf einem entsprechenden Schild auf. Meiner Generation ist dieser Adler überhaupt erst durch DDT ins Bewusstsein gelangt. Die Heimtücke des Giftes ließ sich an der Horrorgeschichte ablesen: Der Weißkopfseeadler starb fast aus, weil seine Eierschalen zu dünn waren; DDT hatte den Hormonhaushalt durcheinandergebracht.

Die Kennedy-Administration stand Argumenten des Naturschutzes deutlich aufgeschlossener gegenüber als frühere Regierungen. In einem zähen Kampf mit Senatsanhörungen und politischen Debatten verlor das mächtige Landwirtschaftsministerium, Befürworter eines massiven Insektizideinsatzes, allmählich an Einfluss; wir müssen diese Grabenkämpfe zwischen Biologen, Großagrariern und Chemiefirmen hier nicht im Detail ausführen. 1972 wurde DDT für den Einsatz in der Landwirtschaft verboten. In den Siebzigerjahren folgten DDT-Verbote in Europa, seit 1977 ist etwa die DDT-Herstellung und der Vertrieb in Deutschland verboten.

DDT verschwand aus dem Bewusstsein, wenn auch nicht aus der Umwelt, der Abbau durch natürliche Faktoren dauert Jahre. In den letzten Jahrzehnten des vergangenen Jahrhunderts machte die chemische Analytik gewaltige Fortschritte, Schadstoffe ließen sich in unvorstellbar winzigen Mengen nachweisen; je mehr Proben man untersuchte, desto öfter wurde DDT gefunden, auch an Stellen, wo es nie jemand ausgebracht hatte. DDT war ubiquitär.

Es wurde still um das DDT. Jüngere Menschen verbinden mit der Abkürzung keine Vorstellung mehr, ebenso verschwunden sind die Assoziationen und Gefühle, die eine bloße Erwähnung des Mittels ausgelöst hat. DDT könnte der Name einer Rockband sein oder eine neue Designerdroge. Bis zum Jahr 2006.

Die Bezeichnung Malaria kommt vom lateinischen *mala aria*, »schlechte Luft«, weil man die Krankheit mit den üblen Ausdünstungen von Sumpfgebieten in Zusammenhang brachte. Die Krankheit erscheint schon in den frühesten medizinischen Aufzeichnungen der Menschen, zum Beispiel in chinesischen Abhandlungen aus der Zeit um 2700 v. Chr. Die Malaria gilt als Prototyp des bösartigen Fiebers, die Hauptinfektionsgebiete liegen in Afrika und Südamerika. Erreger der Krankheit sind Plasmodien, einzellige Sporentierchen. Der Mechanismus der Ausbreitung wurde erst vor hundert Jahren aufgedeckt, er ist so kompliziert, dass man sich fragt, wie so etwas überhaupt funktionieren kann. Der Erreger durchläuft vier Entwicklungsstadien und braucht dazu sowohl eine Mücke als auch den Menschen, wenn die Kette nicht abreißen soll. Mücken der Gattung *Anopheles* übertragen die Malaria von Mensch zu Mensch. Es gibt drei Unterformen: die *Malaria tertiana*, das »Dreitagefieber«, die *Malaria quartana*, das »Viertagefieber«, benannt nach den regelmäßigen Fieberschüben, und die *Malaria tropica*, bei der das Fieber unregelmäßig auftritt, sie ist auch die gefährlichste Form. Rund zweihundertfünfzig Millionen Menschen leiden an der Krankheit, jedes Jahr kommen zweihunderttausend dazu, ein bis zwei Millionen sterben daran. Fast die Hälfte der Weltbevölkerung lebt in Gebieten mit Malariarisiko. Der Malariakontinent schlechthin ist Afrika, 80 Prozent der Erkrankungen treten dort auf. Die harmloseren Formen waren allerdings unter der Bezeichnung »Sumpffieber« auch in Mitteleuropa bekannt: zur Goethezeit in Frankfurt, Süditalien war bis ins 20. Jahrhundert ein Malariagebiet, Malaria hat deshalb auch die Geschichte Europas beeinflusst. Alexander der Große starb wahrscheinlich an einer Gehirnmalaria.

Es gibt natürlich Medikamente, die Erreger werden aber zunehmend resistent – offiziell empfohlen werden Moskitonetze und Ganzkörperbekleidung, sobald die Dämmerung einsetzt; an diesen großartigen Ratschlägen am Beginn des 21. Jahrhunderts lässt sich eine gewisse Hilflosigkeit ablesen. Das Risiko, sich bei einer einzigen Reise in die Tropen oder Subtropen anzustecken, liegt mittlerweile bei eins zu tausend! Immerhin wurde die Krankheit, die im 19. Jahrhundert noch in Skandinavien wütete, in Europa ausgerottet, in den südlichen USA durch Trockenlegen der Sümpfe erst in den Dreißigerjahren.

Nach dem Zweiten Weltkrieg hat sich besonders DDT als sehr wirksam bei der Bekämpfung der Mücken erwiesen. In Indien sank die Zahl der Opfer in zwei Jahrzehnten von achthunderttausend auf null. Nach dem DDT-Verbot in den Industriestaaten blieb die Anwendung zum Schutz der menschlichen Gesundheit zwar erlaubt, aber die reichen Geberländer weigerten sich, Geld für Malariaprogramme zu spenden, bei denen der Einsatz von DDT vorgesehen war. Durch diese Weigerung des Westens, DDT einzusetzen, wurde den malariaverseuchten Ländern eine der wichtigsten Waffen gegen die Seuche aus der Hand geschlagen. Die Einsatzmenge in der Landwirtschaft und im Haus unterscheidet sich erheblich. Für 100 Hektar Baumwollfeld braucht man 1100 Kilo DDT in vier Wochen, zum Besprühen der Innenwände eines Hauses reicht ein Kilo des Mittels für ein ganzes Jahr. DDT tötet die Mücken nicht nur ab, sondern hält sie auch fern. Es ist deutlich billiger als jedes andere Insektizid. Südafrika, das als einziges betroffenes Land nicht auf das Wohlwollen westlicher Staaten angewiesen ist, hat DDT in der Provinz KwaZulu-Natal eingesetzt und die Zahl der Fälle in zwei Jahren um 91 Prozent reduziert.

Die Weltgesundheitsorganisation hat deshalb im Jahre 2006 DDT wieder zu Anwendung in Häusern befürwortet. Die Substanz allein wird das drängende Malariaproblem nicht lösen, darin sind sich die Experten einig. Es bedarf neuer Medikamente, es bedarf intensiver Forschungen nach einem Impfstoff, aber innerhalb eines ganzen Maßnahmennetzes wird DDT seinen Platz finden, eben weil es konkurrenzlos billig und lange wirksam ist.

Ob der Nobelpreis für Herrn Müller gerechtfertigt war, werden viele bezweifeln. Er hat ihn bekommen, weil seine Entdeckung im kriegszerstörten Europa ein epidemisches Seuchenelend verhinderte, das die Kriegsschrecken noch übertroffen hätte. DDT hat ohne Zweifel viele negative Seiten – aber viele von denen, die es angeprangert haben, wären ohne DDT heute gar nicht da. Mit Zahlen beweisen lässt es sich nicht.

Wie will man eine Seuche einschätzen, die es *nicht* gegeben hat?

Anilin

Der Aufseher schlug dem Hindu die Peitsche mitten durchs Gesicht.
»Du sollst das Maul halten, wenn ich dir etwas sage! Die Stauden
müssen zwei Handbreit über der Erde geschnitten werden. Keinen
Zoll mehr, keinen Zoll weniger.«

»Großer Schiwa!« war der erste Gedanke, der, zugleich mit dem
zuckenden Schmerz auf der Wange, Tengas Herz durchfuhr. »Was
habe ich versäumt, dass du solche Schande kommen lässt über dei-
nen treuesten Diener?«

An dieser Stelle, nach den ersten paar Zeilen des ersten Kapitels,
hätte ich die Lektüre am liebsten wieder beendet. Ich war erst dreizehn und entsetzt über die Brutalität des Romananfangs, das hatte
ich nicht erwartet. Wie kann man ein Buch mit der Schilderung
einer solchen Gemeinheit anfangen?

Ich hatte es aus der Bibliothek der Arbeiterkammer ausgelie-
hen. Es hieß »Anilin«. Also etwas Chemisches, das hat mich interessiert, als Roman erst recht. Aber ich war nicht unbedingt der
geeignete Adressat. Die Adressaten waren die Deutschen des Dritten Reiches, die »Volksmassen«. Ihnen sollten die Errungenschaften
der deutschen Chemie nahegebracht werden. Das ist, man muss
es zugeben, gelungen. »Anilin« erschien 1937 und erreichte eine
Millionenauflage; bis in die späten Fünfzigerjahre lasen die Massen dieses merkwürdige Buch, in dem sich deutscher Nationalstolz
mit Heroenverehrung – und Chemie mischt.

Denn der Autor Karl Aloys Schenzinger war alles in allem ein strammer Nazi, Herausgeber der Zeitschrift »Der Braune Reiter« (der Name ist Programm), wofür er sich als Autor des Propagandaromans »Der Hitlerjunge Quex« empfohlen hatte. Nach dem Krieg wurde er nur als Mitläufer eingestuft wie so viele andere stramme Nazis. Allerdings findet sich in »Anilin« keine explizite nationalsozialistische Propaganda, sondern eher die Grundattitüde: Am deutschen Wesen soll die Welt genesen.

Dazu ist es erst einmal nötig zu zeigen, wie krank diese Welt war und ist. Der arme Tenga in der Anfangsszene des Romans wird auf einer Indigoplantage erniedrigt – das Gerechtigkeitsgefühl jugendlicher Leser dann allerdings schon auf Seite drei befriedigt, wo der namenlos bleibende Aufseher-Schläger erdolcht in seiner Hütte liegt; Tenga verschwindet unbehelligt. Es gibt aber auch gute Engländer, so ist das nicht – ein anderer Aufseher, Conny Hawk, hilft den »Hindus« sogar beim Aufladen der schweren Pakete mit der fertigen Ernte und verliebt sich in ein einheimisches Mädchen, ehe die Pest seinen Ambitionen ein Ende macht. Alles auf wenigen Seiten, auf denen wir auch noch erfahren, welch mühsame Plackerei dieser Indigoanbau doch ist, kurz: Das ganze System beruht auf Sklavenarbeit, führt zur moralischen und gesundheitlichen Dekadenz aller Beteiligten, und das alles wegen einer Farbe!

Indigo ist blau. Für die Gegenwart lässt sich behaupten: Indigo ist das Blau an sich. Schauen Sie an sich hinunter, geneigter Leser, liebe Leserin, welche Farbe haben die Jeans, die Sie vermutlich tragen? Ja, genau. Dieses Blau. 90 Prozent aller Jeans werden heute noch mit Indigo gefärbt. Allerdings nur die Kettfäden, das macht es erträglich, würde man auch noch die Schussfäden färben, wäre die Hose so knatschblau, dass vom Hinsehen Nachbilder auf der Netzhaut entstünden …

Was hat diese Farbe nun mit Anilin zu tun? Anilin ist nicht nur der Titel eines Romans, sondern auch der Name einer Substanz.

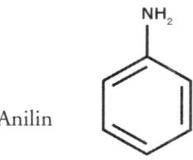

Anilin

Wieder der bekannte Sechserring, eines der sechs Wasserstoffatome, die man sich an den Ecken dazudenken muss, ist durch die Gruppe -NH$_2$ ersetzt, die *Aminogruppe*. Das »N« ist die Abkürzung für »Nitrogenium«, so heißt der Stickstoff auf Latein. Indigo sieht formelmäßig so aus:

Keine überwältigenden Ähnlichkeiten, man erkennt die Sechserringe, den Stickstoff und die beiden »O« für Sauerstoff. Die Geschichte des Anilins beginnt 1826 mit einem Versuch des deutschen Chemikers Otto Unverdorben im Brandenburgischen Dahme. Dort »… gelang es ihm erstmals, den für die Farben- und Kunststoffindustrie sehr wichtigen Grundstoff Anilin herzustellen, indem er natürliches Indigo einer Kalk-Destillation unterzog …« erfährt der interessierte Leser aus dem Internet. Die Formulierung ist ein bisschen unglücklich – man könnte meinen, Indigo sei eine brauchbare Quelle für den wichtigen Grundstoff Anilin. Dem ist nicht so: Indigo war sehr teuer, und man muss schon gut betucht sein wie der Herr Unverdorben, wenn man es, statt damit zu färben, für chemische Experimente verplempert. Außerdem: »Experiment« ist ein großes Wort – was macht man denn bei der Kalk-Destillation? Man sperrt den Stoff mit gebranntem Kalk in ein eisernes Rohr und heizt tüchtig von außen, eine Brachialmethode von chemisch kaum überbietbarer Gewaltsamkeit: Der untersuchte Stoff wird »abgebaut«, das heißt, er geht kaputt, die Bruchstücke retten sich dadurch, dass sie in der Hitze gasförmig entweichen. Man kann die Gase in einem kalten Rohr wieder kondensieren und die Flüssigkeiten oder festen Stoffe, die dabei entstehen, weiter untersuchen.

Unverdorben nannte das Produkt »Crystallin«, weil es mit Säuren Salze in schönen Kristallen bildete. Das war es dann. Chemie war noch Naturgeschichte: Man stellte irgendwo und irgendwie eine Substanz her, die noch keiner hergestellt hatte, und gab ihr einen hübschen Namen, einen griechischen oder lateinischen natürlich. Ebenso machte es der Oranienburger Professor der Gewerbekunde und Chemiker Friedlieb Ferdinand Runge, als er den Steinkohlenteer untersuchte und dabei eine überraschende Blaufärbung mit Chlorkalk beobachtete. Er nannte den Teerbestandteil *Kyanol* von griechisch *kyanos* – »blau«. Runge ist einer der Helden in Schenzingers Roman, was diesem Gelegenheit gibt, die verkrusteten Zustände im vorindustriellen Deutschland zu beklagen. Runge scheiterte mit allen Versuchen, seine Entdeckung auszuwerten und aus *Kyanol* eine Farbe herzustellen – stattdessen wurde er Chemieprofessor in Breslau. 1840 destillierte Carl Julius Fritzsche in seinem Petersburger Labor Indigo mit Kaliumhydroxid – und nannte den Stoff, der dabei entstand, *Anilin*. Der Name kommt von der spanischen Bezeichnung für Indigo, *añil*. Der russische Chemiker Nikolai Zinin stellte 1840 durch Behandeln von Nitrobenzol mit Ammoniumsulfid eine Substanz her, die er *Benzidam* nannte – und endlich klärte der Professor August Wilhelm v. Hofmann diesen ganzen Wirrwarr und bewies, dass all diese Substanzen ein und dasselbe waren: Anilin.

Anilin ist eine wasserklare ölige Flüssigkeit von charakteristischem (üblem) Geruch. An der Luft wird Anilin schnell braun. Es ist ein starkes Blutgift und erzeugt Blasenkrebs. Die Begeisterung, die das Anilin im 19. Jahrhundert in der Industrie ausgelöst hat, ist von daher schwer verständlich. Was ist das Besondere an Anilin?

Das Besondere ist, dass man mit recht einfachen Mitteln an den einen Stickstoff im Molekül noch einen zweiten anhängen kann. Der zweite Stickstoff stammt aus Natriumnitrit, dann braucht man noch eine starke Säure, in der das Ganze aufgelöst wird, und das funktioniert dann so gut, dass man stark kühlen muss, damit keine unerwünschten Nebenreaktionen auftreten. Es entsteht ein *Diazoniumsalz*, das man nur selten isolieren kann. Das ist aber auch nicht nötig, denn diese Salze zeigen eine erstaunliche Bereitschaft, mit weiteren *aromatischen* Stoffen – das sind solche mit dem Sechserring – zu reagieren. Es entstehen *Azoverbindungen*. Und das sind meistens Farben! Nicht nur Anilin reagiert, sondern auch alle möglichen Abkömmlinge des Anilins, und auch die Partner, mit denen *gekuppelt* wird (das heißt wirklich so!), streuen über ein weites Feld im Reich der organischen Chemie. Nachdem der deutsche Chemiker Griess diese Reaktion 1862 entdeckt hatte, erfasste die Chemikergemeinde eine Art Azo-Kupplungsrausch. Jeder verfügbare Anilinabkömmling wurde mit jedem greifbaren Kupplungspartner umgesetzt, bis zum Ende des 19. Jahrhunderts hatten die Chemiker die Zahl der Azofarbstoffe auf circa 15 000 aufgebläht. Man konnte jede gewünschte Farbnuance herstellen und praktisch alles färben, was einem in den Sinn kam, Wolle, Seide, Papier, sogar Lebensmittel. Wir leben heute in einer bunten Welt, das war nicht immer so.

Das Mittelalter war zwar nicht so »finster«, wie man gemeinhin glaubt, aber farblich eher düster. Grau, braun, schwarz. Gefärbte Stoffe waren teuer. Man verwendete Krapp für Rot und Färberwaid für Blau, beides Pflanzen, die auch in Europa wachsen und den Anbaugebieten erhebliche Einnahmen brachten. Aber die Farborgien der Mittelalterfilme aus Hollywood sind reine Fantasie; die Volksmassen liefen farblich eher unauffällig herum. Das ist auch der Grund für das einheitliche Schwarz frommer reformierter Gruppen wie der Pilgerväter, die sich schon durch die Kleidung von der dekadenten, natürlich in teure farbige Gewänder gehüllten Adelsgesellschaft abheben wollten. Auch die Uniformen des Lützowschen Freikorps im Befreiungskrieg gegen Napoleon waren schwarz – anders ließ sich aus den privaten Kleidungsstücken der unbezahlten Freiwilligen keine einheitliche Uniform herstellen. Zum Schwarzfärben brauchte man keine teuren tropischen Hölzer, sondern Eichenrindenabsud und Eisensalze.

Die industrielle Farbenproduktion entstand zwar in England, aber im Lauf des 19. Jahrhunderts übernahm Deutschland die Führung. 1913 stammten drei Viertel aller in der Welt verwendeten Farben aus deutscher Produktion, ebenso 90 Prozent aller in England und den USA gebrauchten Farben. Der Erste Weltkrieg machte dem ein Ende, die deutschen Patente wurden beschlagnahmt. Die erste aus Anilin hergestellte Farbe war allerdings weitaus älter und sie war kein Azofarbstoff. Im Jahr 1856 studierte der achtzehnjährige William Perkin am Royal College of Chemistry in London. Das Institut war erst 1845 von Königin Victoria und Prinzgemahl Albert gegründet worden, Leiter war der schon erwähnte August Wilhelm Hofmann. Er hatte Perkin eingestellt, da war der erst fünfzehn! Nun stellte Hofmann dem jungen Chemiker eine besondere Aufgabe: Er sollte *Chinin* herstellen. Mit diesem Heilmittel, das in der Rinde eines tropischen Baumes vorkommt, lässt sich die Malaria – nun, nicht heilen, aber wenigstens behandeln; die Briten brauchten es zur Verwaltung ihres Weltreichs in rauen Mengen, möglichst billig und, wenn es geht, aus heimischer Produktion. Was wusste man über Chinin? Im Prinzip nur, dass es 20 Atome Kohlenstoff, 24 Atome Wasserstoff, 2 Atome Stickstoff und

2 Atome Sauerstoff enthielt. Wie die innerlich zusammenhingen, wusste man nicht, die Formel war also unbekannt – was man aber wusste: Die Substanz *Allyltoluidin*, gewissermaßen ein Verwandter des Anilins, hatte schon einmal halb so viele Kohlenstoff- und halb so viele Stickstoffatome. Beim Wasserstoff stimmte es nicht ganz: 13 statt 12, das wären mal zwei genommen dann genau 2 Wasserstoffe zu viel; die ließen sich aber vielleicht als Wasser abspalten? Was dem Allyltoluidin komplett fehlte, war der Sauerstoff. Was lag also näher, als den Sauerstoff ins Molekül hineinzustopfen, es zu *oxidieren*? Sodass die Sache sich so darstellen ließe:

$$2\ C_{10}H_{13}N + 3\ O\ \rightarrow\ C_{20}H_{24}N_2O_2 + H_2O$$

Allyltoluidin   Chinin

Perkin machte sich in den Osterferien 1856 bei sich zu Hause ans Werk. Er setzte Allyltoluidin mit Kaliumdichromat um, einem Salz der Chromsäure. Die gibt bereitwillig Sauerstoff an oxidierbare Partner ab.

Er erhielt eine braune Masse. Was das war, wusste er nicht, wohl aber, was es jedenfalls nicht war: Chinin. Das ist nämlich ein weißes Pulver. Ein anderer hätte das negative Ergebnis brav ins Laborprotokoll eingetragen, seinem Professor mitgeteilt und auf neue Aufgaben gewartet. Nicht so der junge Perkin. Irgendetwas war ja herausgekommen – das Toluidin hatte reagiert. Vielleicht sollte er diese Reaktion mit einem einfacheren Molekül versuchen, mit Anilin selber? Das führte weg von der angestrebten Chininsynthese, er wich damit eindeutig von der Linie ab, die Hofmann vorgegeben hatte, er folgte seiner eigenen Intuition, die zunächst Interesse am Unbekannten war: schlichte Neugier, was da eigentlich vorging. Also oxidierte er Anilin; den Sauerstoff lieferte Kaliumdichromat, $K_2Cr_2O_7$, das nicht weniger als sieben Sauerstoffatome enthält.

Was da vorging, sollte erst viel später geklärt werden. Was aber herauskam, enthüllte sich ihm sofort: eine schwarze Masse. Statt den Dreck wegzuschütten, trocknet Perkin die Substanz und löst sie in Alkohol. Ein magischer Moment. Im Reagenzglas entsteht eine überirdisch schöne lila Farbe. Mit der Seidenbluse seiner Schwester unternahm er einen Färbeversuch: Das Lila blieb an der Faser haften, ließ sich weder auswaschen noch ausbleichen. Die erste synthetische Farbe war gewonnen! Er nannte sie Anilinpurpur, später setzte sich der Name *Mauvein* durch, von *mauve* – »malvenfarben«.

Zwischen Runge, der solche Farben schon zuvor hergestellt hatte, und Perkin liegen nicht nur zweiundzwanzig Jahre und der Ärmelkanal, sondern mentale Welten. Was nämlich tut der junge Perkin? Meldet er die Entdeckung seinem Professor? Das tut er nicht. Sondern er stellt mit Hilfe seines Bruders weitere Proben her und schickt sie an schottische Färbereibesitzer. Die sind von der Farbe sehr angetan. Perkin nimmt im August desselben Jahres ein Patent auf seine Erfindung, leiht sich Geld und gründet mit Vater und Bruder die Firma »Perkin & Sons«, die in der Folge Mauvein herstellt. William Perkin wird reich. Und ein bedeutender Chemiker ganz abgesehen von seiner Farbe. Die »Perkin-Reaktion«, von ihm entdeckt, ist noch heute fixer Bestandteil des Instrumentariums der organischen Chemie. Aus Benzaldehyd und Acetanhydrid macht man zum Beispiel Zimtsäure. (Die Reaktion funktioniert auch sehr gut, jedenfalls die Variante, die ich im organischen Praktikum ausprobieren durfte – danach roch alles tagelang nach Zimt. Der Labormantel, die Kleidung, ich selbst …)

Warum ist Runge gescheitert, wo Perkin Erfolg hatte? Schenzinger versäumt nicht, in seinem Roman die Charakterunterschiede plastisch herauszuarbeiten: Hier der geschäftstüchtige (sagen wir ruhig: gewinnsüchtige) Sohn Albions, dort der mit reiner Seele forschende deutsche Wahrheitssucher; besonders das Ignorieren von Hofmanns professoralen Anordnungen stieß dem Autor sauer auf – eigentlich Pflichtverletzung und Insubordination, das konnte ein Schriftsteller von Schenzingers Zuschnitt nicht gutheißen. Dabei musste er wissen, dass der Plan, aus Allyltoluidin durch einfache Oxidation Chinin herzustellen, eine Schnapsidee war, zeitbedingt – keine der handelnden Personen hatte 1856 im Gegensatz zu Schenzinger die geringste Ahnung, wie die einzelnen Atome in diesen dicken Summenformeln miteinander zusammenhängen. Die Totalsynthese von Chinin gelang erst dem Synthesegenie und Nobelpreisträger Robert Woodward 1944. Die Formeln lasse ich hier weg, Allyltoluidin und Chinin haben chemisch nichts miteinander zu tun. Das Vorhaben entspricht in etwa der Absicht, aus den Telefonnummern zweier Personen auf irgendwelche Beziehungen zwischen ihnen schließen zu wollen.

Die Karwoche vor dem 23. März des Jahres 1856 war deshalb so bedeutsam, weil in dieser kurzen Zeitspanne der junge William Perkin in zweierlei Hinsicht bewies, worauf es in der Forschung ankommt. Erstens verließ er die Geleise des normalen Handelns. Dieses als Querdenken heute oft gepriesene und wenig verstandene Handlungsmodell heißt Abbiegen in eine *völlig* neue, nicht aus Vorherigem ableitbare Richtung; die gescheiterte Chininsynthese wird beiseitegelassen. Kein Thema mehr. Thema ist eine ganz neue Aufgabe: Welche Möglichkeiten stecken in der Reaktion?

Zweitens sieht Perkin nach Entdeckung seiner Farbe nicht einfach nur die großen Möglichkeiten, sondern er verwirklicht sie auch konsequent und zielstrebig. Es ist klar, dass die Handlungs- und Denkmodelle, die ihn geleitet haben, vom gesellschaftlichen Umfeld der sich in Großbritannien entwickelnden Industrie bestimmt sind, von einer Kultur der Produktion, des Fortschritts, gepaart mit nüchternem Kalkül – einer inneren Haltung, die deutsche Geistmenschen nicht anders abzuqualifizieren wussten als mit dem Pejorativ »Krämerseelen«.

Das Mauvein erlebte eine kurze Blüte als Modefarbe und verschwand dann im Farbenrausch der Teerfarbenchemie. Reich wurde Perkin trotzdem. Er starb hochgeehrt (und geadelt) 1907.

Und der Indigo, der König der Farbstoffe? Mit den schon erwähnten Azofarbstoffen hat er nichts zu tun, wohl aber mit Anilin. In der zweiten Hälfte des 19. Jahrhunderts gab es zahlreiche Versuche, Indigo aus irgendwelchen vorhandenen Chemikalien herzustellen – solche Synthesen wurden auch entwickelt; aber alle waren im Vergleich mit dem Naturprodukt zu teuer. Dem deutschen Chemiker Karl Heumann gelangen 1890 zwei Synthesen, die erste verwendet Anilin, Essigsäure, Chlor und Kalilauge. Essigsäure war aus dem sogenannten »Holzessig« erhältlich, eine Flüssigkeit, die bei der trockenen Destillation von Holz entsteht. Dieser Holzessig, der noch einen Haufen anderer Bestandteile enthielt, »... wirkt stark fäulniswidrig und dient zum Konservieren von Fleisch und Wurst (Schnellräucherung), von Holz und Tauen, zum Einbalsamieren (schon bei den alten Ägyptern) ...«, wie »Meyers Konversationslexikon« von 1905 treuherzig schreibt. Egal, ob Holzbalkon, Mumie oder Schinken: Hauptsache haltbar ... Keine Rede von irgendwelchen Grenzwerten. Apropos Rauch: Auch beim heutigen Räuchern werden Fleisch und Wurst dem Holzrauch ausgesetzt, nur werden die krebserzeugenden Benzpyrene vorher ausgefiltert, so weit also alles in Ordnung ...

Zurück zum Indigo. Essigsäure wurde industriell gewonnen, Kalilauge und Chlor erst recht nach einem neuen elektrochemischen Verfahren aus Kaliumchlorid und Strom oder Chlor allein nach dem älteren Deaconverfahren aus Salzsäure und Luftsauerstoff. Der Sauerstoff war überall vorhanden, aber woher kam die Salzsäure? Die entstand in rauen Mengen bei anderen Prozessen und war ein unerwünschter Abfallstoff, der uns im Soda-Kapitel begegnet; wobei die ersten Umweltschutzgesetze um die Mitte des 19. Jahrhunderts verboten, die Säure einfach in den nächsten Fluss zu kippen. Das Deaconverfahren beseitigte nicht nur überschüssige Salzsäure, sondern stellte daraus wertvolles Chlor her, das zu Synthesen gebraucht werden konnte, zum Beispiel beim Indigo. Es kam eben nicht darauf an, irgendeine Synthese zu erfinden (es gab schon einige), sondern ein technisches Verfahren, in dem Hunderte, wenn nicht Tausende Tonnen Indigo hergestellt werden konnten; erste Voraussetzung dafür war die massenhafte Verfügbarkeit der Ausgangsstoffe.

Der wichtigste war natürlich das Anilin. Wo kam das her? Runge hatte es aus Steinkohlenteer gewonnen. Apropos Teer: Seit Jahrtausenden wurden im Nahen Osten Kohlenwasserstoffgemische aus der Natur verwendet, als »Erdharz« werden sie schon in der Bibel erwähnt, das erste Mal als Zuschlagstoff für den Mörtel beim Turmbau zu Babel (1. Buch Mose, 11,3). Anders der Steinkohlenteer: Für dieses Gemisch aus ein paar Tausend Substanzen gilt dasselbe wie für die eben erwähnte Salzsäure. Es entstand als zunächst unerwünschtes und lästiges Beiprodukt bei einem Verfahren, das anderen Zwecken diente: bei der *Verkokung*. Dabei wird Kohle erhitzt, woraufhin sie eine ganze Menge Inhaltsstoffe gasförmig abgibt. Unter Kühlung wird ein Teil davon flüssig, Teer und Gaswasser, ein Teil bleibt gasförmig, das ist Leuchtgas. Aber deswegen hat man die Verkokung ursprünglich nicht gemacht, sondern wegen des Rückstands, der ausgeglühten Kohle: Koks. Der Name kommt vom lateinischen *coquere*, was einfach »kochen«, aber auch »dörren« und »reif machen« bedeutet; das ist beim Koks die eigentliche Bedeutung. Die Kohle wird gedörrt, reif gemacht. Wofür? Um damit Eisen zu gewinnen. Das kommt in der Natur nicht als Metall, sondern meistens als Oxid vor, das heißt als Verbindung mit Sauerstoff. Will ich nur das Eisen, so muss der Sauerstoff erst einmal raus. Das geht aber nur, wenn ich ihm einen Partner anbiete, mit dem er sich noch lieber verbindet als mit Eisen. Seit alters her nimmt man dazu Kohlenstoff – damit bildet er das allseits bekannte und heute als Treibhausgas gefürchtete Kohlendioxid. Der Kohlenstoff selbst ist kein Problem, der kommt in der Natur in Pflanzen und fossil als Kohle vor. Das Problem bei der Kohle sind die vielen anderen Bestandteile, die sie enthält, vor allem Schwefel und Phosphor; die verunreinigen bei der Eisenverhüttung im Hochofen das Eisen. Seit jeher wurde Eisenerz daher mit Holzkohle verhüttet, die in Meilern im Wald durch umständliches trockenes Erhitzen von Holz entsteht. Die Leute, die sich damit auskannten, die *Köhler, Kohler, Köhlmeier* und so weiter, waren wichtige Handwerker der vorindustriellen Gesellschaft, die relative Häufigkeit der Namen ergibt sich noch heute daraus.

Mit der Holzkohle gelang das »vom Sauerstoff Befreien«, das *Reduzieren* des Eisenerzes recht gut, allein, man brauchte dafür ungeheure Holzmengen an Ort und Stelle, weil sich die Holzkohle auf den mittelalterlichen Wegen nicht weit transportieren ließ: sie zerbröckelte zu feinem Staub, der für die Verhüttung unbrauchbar war. Es hat in England nicht an Versuchen gefehlt, von der Holzkohle wegzukommen und auf die preiswertere und transportable Kohle umzusteigen; seit dem 16. Jahrhundert wurden fünfundzwanzig Patente für Verfahren zur Eisenverhüttung mit Kohle vergeben, das erste 1589. Getaugt haben alle miteinander nicht viel, erst um 1710 erfand Abraham Darby I. in Coalbrookdale im Westen Englands ein brauchbares Verfahren zur Kokserzeugung mit anschließender Eisenverhüttung.

Die Bedeutung dieser Großtat lässt sich nicht hoch genug einschätzen! Mister Darby hat die Welt, wie wir sie heute kennen, erst möglich gemacht. Ohne Koks gäbe es zwar Lanzen, Schwerter, Rüstungen und ein paar teure Apparate aus Eisen, aber keine stählernen Brücken, Hochhäuser, keine Motoren und Autos – und kommen Sie mir jetzt nicht mit der Kunstharzkarosserie des Trabi: Das zu ihrer Herstellung nötige Phenol kannte man aus dem Steinkohlenteer (der oben erwähnte Friedlieb Ferdinand Runge hatte es darin entdeckt), aber eben: ohne Koks kein Teer, ohne Teer kein Phenol, ohne Phenol kein Kunstharz …

Zurück zum Anilin: Anilin kommt im Steinkohlenteer nur in geringen Mengen vor. Höher ist der Prozentsatz an *Benzol*, dem unsubstituierten Ausgangsmolekül der *Aromatenchemie*. Aus Benzol und Salpetersäure gewinnt man *Nitrobenzol*, das sich mit Eisenspänen in Salzsäure zu Anilin umwandeln lässt.

Heute stammt auch das Benzol aus Erdöl. Nach dem Zweiten Weltkrieg hat man den Weg der *Kohlechemie* verlassen und die Grundstoffe systematisch aus Erdöl aufgebaut. Das hat erhebliche geostrategische Konsequenzen. Während nämlich die eine oder andere Art von Kohle in fast jedem Staat der Erde vorkommt – in manchen in wahrhaft gigantischen Mengen –, ist das beim Erdöl bekanntermaßen nicht der Fall. Ein Verbleib der Chemie bei der Kohle hätte dem Nahen Osten nie die Bedeutung zukommen lassen, die er heute hat – es ist allerdings fraglich, ob die Massenmotorisierung westlicher Gesellschaften auf der Grundlage von Treibstoffen aus »Kohleveredelung« möglich gewesen wäre.

Anilin ist nur eine der zahlreichen Substanzen, die aus dem Steinkohlenteer gewonnen wurden. Für die Generation Schenzingers stand es paradigmatisch für einen Reichtum, der den Deutschen durch ein widriges Geschick bis ins 19. Jahrhundert vorenthalten geblieben war: kein Kolonialreich, keine tropischen Schätze, dafür Kohle ohne Ende – ausgleichende Gerechtigkeit für eine Nation, die sich nicht als »verspätet«, wie man das nennen würde, sondern als ewig »zu kurz gekommen« bezeichnen würde. Reichtum aus einer grauenhaft stinkenden, schwarzen Pampe, dem Abfallprodukt schlechthin. Von daher wird die pathetische Überhöhung verständlich, wenn Schenzinger in »Anilin« die Grundreaktion der Kohlechemie beschreibt:

... wird dieses Kohlenstück eines Tages von einem unerbittlichen Griff erfasst und in die große Retorte geschleudert. Hier wird es jäh von scharfer Hitze angesprungen. Die Hitze ist so stark, so zwingend, dass das Steinkohlenstück alles preisgibt, was es in sich birgt. Zuerst gibt es die Gase weg, die Kohlenwasserstoffe, das Ammoniak. Sie entweichen im Helm der Retorte. Dann lässt es die Dämpfe frei, den Teer mit all seinen geheimnisvollen Schätzen ... Bis zum letzten ausgeplündert, liegt das Stück Kohle rotglühend auf dem Grund der Retorte, wird endlich von einem schweren Haken an die freie Luft gezogen. Hier überfällt es ein eisiger Wasserstrahl. Unter donnerndem Getöse zerknallt die glühende Hitze, zerstäubt als zischender Dampf ...

Na ja. Sehr expressiv, man darf auch sagen: trivialer Chemieschwulst, deutlich wird aber die Emotion, die den Autor beherrscht und die er darüber hinaus beim Leser hervorrufen will. Hier wird nicht einfach ein Stück Kohle »trocken erhitzt«, sondern für die Deutschen »ein Platz an der Sonne« erfochten; Chemie ist ein Titanenwerk und nicht die Beschäftigung bebrillter weißbemantelter Figuren, die in Räumen voller unverständlicher Glasapparaturen mit irgendwas herumhantieren, das man nicht aussprechen kann ...

Soda

Bei der Soda – jawohl: es heißt *die* Soda! – also bei der Soda ersparen wir uns gleich einmal eine Strukturformel, es genügt die einfache Summenformel:

Na_2CO_3. Also zwei Natriumatome, ein Kohlenstoffatom und drei Sauerstoffatome bilden das Salz *Soda*. Der Name kommt vom arabischen *suwwad*, der Name einer Pflanze, aus der man Soda hergestellt hat. Davon später mehr.

Bei den Substanzen, die in diesem Buch behandelt werden, sind die Chancen, sie im eigenen Haushalt zu finden, höchst unterschiedlich ausgeprägt. Zucker findet sich wohl in jedem Heim (hoffentlich), DDT in keinem (hoffentlich!); Soda nimmt eine Zwischenstellung ein. Sehen Sie doch einmal im Schrank unter der Spüle nach, wo die Putzmittel stehen. Oder in der Garage auf dem Bord mit den Autopflegedosen. Es dürfte sich um eine schlichte Plastiktüte mit weißem Inhalt handeln, grobe Körnchen von merkwürdig fettig glänzendem Aussehen. Wenn Sie nichts dergleichen finden, machen Sie sich nichts draus, die sogenannte »Waschsoda« (sie enthält außerdem noch zehn Teile Kristallwasser) ist Haushaltsnostalgie, inzwischen gibt es andere Reiniger. Das gilt allerdings nur für die Küche. In der Industrie war und ist Soda einer der bedeutendsten Grundstoffe überhaupt. Mit ihrer großtechnischen Erzeugung beginnt die chemische Industrie im 18. Jahrhundert.

Nur ein Kohlenstoffatom – die anderen Atome sind in der Überzahl. Üblicherweise behauptet man: *organische* Chemie ist die Chemie des Kohlenstoffs, *anorganische* die Chemie aller übrigen Elemente. Demnach wäre Soda eine organische Verbindung, also aus dem Bereich der belebten Natur stammend. Nun gibt es kaum einen in der Natur vorkommenden Stoff, der nicht nur so unlebendig, sondern sogar so lebensfeindlich ist wie die Soda, ausgenommen giftige Mineralien (*Arsenik* zum Beispiel). Soda stammte im Altertum aus dem Wadi Natrun, eine wenig erbauliche Gegend in der ägyptischen Wüste neunzig Kilometer nordwestlich von Kairo, die im frühen Christentum als so ideal »wüstenhaft« galt, dass sie Hunderte asketische Einsiedler anzog. Auch Mönche, die garantiert ihre Ruhe haben wollten, gründeten Klöster in der Gegend, zum Beispiel Makarios von Alexandria im 4. Jahrhundert. Das Wadi Natrun liegt bis zu dreiundzwanzig Meter unter dem Meeresspiegel. Solche Orte sind immer sehr heiß; wenn Wasser eindringt, verdunstet es und hinterlässt die gelösten Minerale als Ablagerungen. Das war schon den alten Ägyptern aufgefallen, sie bezogen aus dem Natrontal die Soda, die sie zur Einleitung der Mumifizierung benötigten.

Chemisch ist Soda Natriumcarbonat, ein Natriumsalz der Kohlensäure: H_2CO_3.

Die Ähnlichkeit ist offensichtlich – die beiden Wasserstoffatome (H) sind durch Natriumatome (Na) ersetzt. Es muss nicht Natrium sein, die Kohlensäure bildet mit anderen Metallen einen Haufen anderer Salze. Unter anderem Kaliumkarbonat K_2CO_3 (Pottasche) oder Kalziumcarbonat $CaCO_3$ (Kalkstein). Wenn Sie ins Freie gehen, begegnet er Ihnen, wenn Sie in Süddeutschland wohnen, buchstäblich auf Schritt und Tritt – jede sichtbare Erhebung besteht dort wenigstens zu einem Teil aus Kalkstein. Das liegt daran, dass Kalziumcarbonat ebenso wie das verwandte Magnesiumkarbonat relativ schwer wasserlöslich ist, weshalb zahlreiche Meeresorganismen von Submillimeter- bis Metergröße ihre Schalen aus Kalk aufbauen. Das tun sie schon seit Hunderten von

Jahrmillionen. Wenn sie sterben, sinken die Schalen zum Meeresgrund und bilden mit der Zeit dicke Schichten. Wenn die dann durch geologische Prozesse gehoben und gefaltet werden, entstehen Gebirge von Alpen- bis Himalajagröße.

Mit Natriumcarbonat kann das nicht passieren; dieses Salz löst sich in Wasser (etwa halb so gut wie Kochsalz). Um in der Natur auf feste *Alkalikarbonate* zu stoßen, braucht man schon ein flaches Gewässer, das in der Sonne allmählich eindampft. Das erwähnte Wadi Natrun ist so ein Ort.

Durch die Lexikonweisheit bezüglich der alten Ägypter und ihrer Mumienbehandlung gerät man ohne eigenes Zutun gedanklich auf die falsche Spur – Soda erscheint hier als Zutat eines bizarren Totenrituals, das für uns keine Bedeutung mehr hat. Die eher traditionelle Hausfrau weiß noch, dass sie durch Einweichen mit Soda verkrustete Bräter sauber bekommt – aber sonst? Bei keinem Chemierohstoff dürfte die Diskrepanz zwischen öffentlichem Ansehen und wahrer Bedeutung so groß sein wie bei der Soda. Was kann man damit noch anfangen außer Backbleche einweichen oder Pharaonen entwässern?

Zum Beispiel Glas herstellen.

Dazu braucht man drei Dinge: Quarzsand, Soda und Kalk. Die ältesten bekannten Gegenstände aus Glas waren Schmuckperlen, das älteste sicher datierte Glasgefäß gehörte dem Pharao Tutmosis III. und entstand 1450 v. Chr. Man füllte die gut vermischten Ausgangsstoffe in einen Ofen, mauerte ihn zu und heizte tagelang von außen. Nach dem Abkühlen wurde das Rohglas an andere Werkstätten geliefert, die es wieder aufschmolzen und alle möglichen Behälter daraus herstellten.

Soda ist für die Glasherstellung unerlässlich: beim Abkühlen der Schmelze verhindert es, dass sich Quarzkristalle bilden – das Glas bleibt *amorph* und ist eigentlich eine unterkühlte Flüssigkeit. Die Glasindustrie ist heute der größte Sodaverbraucher.

Für Soda finden sich in der Literatur noch Dutzende Anwendungen in der chemischen Industrie, historisch bedeutsam aber ist sie als Reinigungsmittel für Wolle und bei der Herstellung von Seife.

Seife: Man kocht irgendwelche Fette mit Soda und arbeitet das Gemisch in geeigneter Weise auf. Wie das vonstattengeht, soll uns hier nicht weiter beschäftigen. Wichtig ist, dass es ohne Soda keine Seifenproduktion gab. Sodalösung ist stark alkalisch, das heißt, sie enthält Hydroxidionen (OH-), die in der Hitze Fette angreifen und in ihre beiden Bestandteile spalten: Glyzerin und Fettsäuren. In der Sodalösung bilden die Fettsäuren dann Natriumsalze: Das sind die Seifen. (Die gewöhnliche Seife ist ein Gemisch solcher Fettsäuresalze.) Das Prinzip kannten schon die Sumerer, erst die Araber verfeinerten die Produktion im 7. Jahrhundert und stellten feste Seife in Stücken her. Im Mittelalter wurde die Seifensiederei zu einem florierenden Gewerbe, man wusch sich also mehr, als das in populären Darstellungen oft zu lesen ist; die Badehäuser dienten wohl doch auch der Hygiene und nicht nur der Anbahnung sexueller Beziehungen. Mit dem Ausbruch der Pest 1348 und der Syphilis, die wahrscheinlich Kolumbus von seiner zweiten Reise aus Amerika mitgebracht hat, war es mit der körperlichen Hygiene aber für mindestens zwei Jahrhunderte vorbei: Man vermutete, dass der »Krankheitsstoff« über das Wasser in den Körper gelangte, und setzte fortan auf Trockenreinigung mit heißen Tüchern und auf Parfüm, um die unweigerlich auftretenden Gerüche zu überdecken. Die Einstellung des 17. Jahrhunderts zur Hygiene veranschaulicht eine Anekdote über Johannes Kepler: Als er heiraten wollte, verlangte seine Zukünftige von ihm die Durchführung einer Ganzkörperreinigung mittels Vollbad. Kepler willigte trotz schwerer Bedenken ein, und prompt war er danach wochenlang krank, womit sich wieder einmal bestätigte: Wasser am Körper – das ist nix!

Stattdessen Abreiben mit heißen Tüchern … Auch die müssen allerdings gewaschen werden, um ihren Zweck halbwegs zu erfüllen. Und dazu braucht man Seife. Zum Bleichen von Leinwand und Baumwolle verwendete man im 18. Jahrhundert Laugen (Ammoniak aus Rinderharn oder Pottasche), Säuren (saure Milch oder Schwefelsäure) und Sonnenlicht, wobei die Tuche wochenlang auf Wiesen ausgebreitet wurden, die man nicht landwirtschaftlich nutzen konnte. Saure Milch, Rinderharn – heute wäre so eine Produktion extrem »bio«, das gilt sogar für die Pottasche, die stellt man nämlich durch Auslaugen von Holzasche mit Wasser her: Pottasche war der Rest, der zurückblieb, wenn man das unlösliche Zeug abfiltriert und das Filtrat eingedampft hatte. Der Name kommt von den großen Pötten, in denen das geschah. Pottasche ist nichts anderes als Kaliumcarbonat, K_2CO_3, sozusagen ein Verwandter des Natriumcarbonats. Der Chemiker Antoine Lavoisier hatte in seiner Freizeit nicht nur die moderne Chemie begründet und von den alchimistischen Vorstellungen des Mittelalters befreit, sondern im Hauptberuf als Direktor der staatlichen Salpeterproduktion auch eine neue Anwendung für Pottasche erfunden: Sie diente zur Herstellung besonders reinen *Kalisalpeters*; das war ein unerlässlicher Bestandteil des Schießpulvers. Den unreinen Salpeter gewann man durch Abkratzen der weißlichen Ausscheidungen in Aborten und in »Salpeterplantagen«, wo tierische Abfälle, vermischt mit Friedhofserde, zwei Jahre lang mit Jauche feucht gehalten wurden. Dann wurden die Produkte dieser extrem geruchsintensiven Produktionsweise abgeerntet und mit Wasser ausgelaugt. Der Lauge setzte man Pottasche zu, wodurch schwerlösliches Calcium- und Magnesiumcarbonat ausfällt. Die Lösung wird filtriert und das Filtrat (das, was durchrinnt) eingedampft. Man erhält Kaliumnitrat, Salpeter. Kurz: Nach Pottasche bestand erhebliche Nachfrage.

Diese Nachfrage konnte aber immer schwerer befriedigt werden, brauchte man doch für ein Kilo der Substanz die Asche von dreihundert Kilo Eichenholz. Man importierte die Pottasche aus Amerika, dort gab es eindeutig mehr Bäume als in Frankreich. Das ging gut, solange man sich nicht mit der die Weltmeere beherrschenden britischen Marine anlegte – die Intervention Frankreichs zugunsten der aufständischen amerikanischen Kolonien ließ den Pottaschestrom aber versiegen: englische Seeblockade.

Und hier kommt wieder die Soda ins Spiel. Die Regierung empfahl nämlich den Pottascheverbrauchern, auf Soda umzusteigen, die war ja auch alkalisch. Es blieb der Import aus Ägypten wieder über die See mit der Gefahr britischer Blockade oder die Gewinnung aus der *Barilla*, einer an den Mittelmeerküsten vorkommenden Pflanze, deren Asche bis zu 25 Prozent Soda enthielt. Gereicht hat das hinten und vorne nicht. Also entschloss sich die Französische Akademie der Wissenschaften, einen Preis auszuschreiben: 12 000 Livres (etwa 120 000 Euro) sollte erhalten, wer ein technisch brauchbares Verfahren zur Herstellung von Soda aus gewöhnlichem Salz angeben konnte.

Interessiert hat sich dafür Nicolas Leblanc, der Leibarzt von Louis Philippe II., Herzog von Orléans. Er war der reichste Mann Frankreichs, aufgeklärt, liberaler Lebemann, in scharfer politischer Opposition zum Königshaus, besonders zu Marie Antoinette, die er verachtete. 1789 schloss er sich mit adligen Gesinnungsgenossen dem dritten Stand zur Gründung der Nationalversammlung an, spielte also eine Rolle in der ersten Phase der Französischen Revolution, trat dann den Jakobinern bei und nannte sich »Philippe Egalité«. Genutzt hat es nichts, während der Schreckensherrschaft wurde er geköpft.

Aber noch sind wir nicht so weit: Doktor Leblanc arbeitete fünf Jahre im Labor des Chemikers D'Arcet, das ihm der Herzog verschafft hatte, an einem Verfahren zur Sodaerzeugung. Davon gab es schon einige, die aber alle an verschiedenen Schwächen litten. 1789, im Jahr der Revolution, war Leblanc so weit. Sein Verfahren

war einfacher als die seiner Konkurrenten. Er brauchte nur drei
Dinge:

Glaubersalz.

Kalk.

Kohle.

Glaubersalz ist Natriumsulfat, Na_2SO_4. Benannt ist es nach
dem deutschen Chemiker und Apotheker Johann Rudolph Glau-
ber, der es aus Kochsalz und Schwefelsäure herstellte.

$$2\ NaCl + H_2SO_4 \rightarrow Na_2SO_4 + 2HCl$$

Kochsalz + Schwefelsäure ergibt Glaubersalz + Salzsäure: Das war
schon 160 Jahre lang bekannt. Das Weitere war einfach: 100 Pfund
Glaubersalz wird mit 100 Pfund Kreide und 50 Pfund Kohle auf
eisernen Walzen fein gepulvert, in einen Ofen aus feuerfesten Stei-
nen eingebracht, auf helle Rotglut erhitzt. Die Mischung schäumt
auf und schmilzt, man lässt erkalten, zerkleinert den Schmelzku-
chen und laugt ihn mit Wasser aus. Was sich darin löst, ist Soda.

Was war passiert?

$$Na_2SO_4 + CaCO_3 + 2\ C \rightarrow Na_2CO_3 + CaS + 2\ CO_2$$

Natriumsulfat + Calciumcarbonat + Kohlenstoff ergibt Soda + Cal-
ziumsulfid + Kohlendioxid.

Der Herzog von Orléans beteiligte sich mit 200 000 Franc an einer
Sodafabrik. Also baute Leblanc außerhalb von Paris bei St. Denis
diese Fabkrik. Die tägliche Produktion betrug nur 300 Kilo, sollte
aber gesteigert werden. Daraus wurde ebenso wenig wie aus dem
ausgesetzten Preis – offenbar wurde das ganze Preisausschreiben
abgewürgt, ehe es entschieden war. Erst die Revolution begrün-
dete ein nationales Patentwesen, 1791 erhielt Leblanc ein solches

Patent für sein Verfahren. Lange konnte er sich daran nicht erfreuen. Der Sohn des Herzogs von Orléans, der spätere »Bürgerkönig« Louis Philippe, war zu den Österreichern übergelaufen, was seinem Vater 1793 den Weg auf die Guillotine ebnete … Leblancs Sodafabrik, als Besitz des Herzogs betrachtet, wurde vom Staat konfisziert und sollte verkauft werden. Da niemand wagte, die Anlage zu kaufen, wurde sie geschlossen. Damit war Leblanc ruiniert. Als Draufgabe widerrief der Wohlfahrtsausschuss das Patent und zwang Leblanc, sein Produktionsverfahren zum »Wohle der Nation« bekannt zu machen. Als »Ausgleich« erhielt Leblanc eine Stelle als Verwalter der staatlichen Pulverfabrik – ein Ehrenamt ohne Bezahlung. Leblanc geriet in Schulden, aus denen er zeitlebens nicht mehr herauskam.

1799 sollte er als Anerkennung seiner Erfindung eine »Nationalbelohnung« von 3000 Franc erhalten (Die neue Währung war gerade eingeführt worden). Ausbezahlt wurden 600. 1801 erhielt er seine Fabrik zurück. Sie war inzwischen völlig verfallen, er hätte zur Wiederherstellung Unsummen aufbringen müssen. Vier Jahre später wurde ihm gerichtlich eine in diesem Zusammenhang symbolische Summe von rund 52 000 Franc zugesprochen. Davon ausbezahlt wurde genau – nichts.

1806 hat sich Nicolas Leblanc im Armenhaus von St. Denis erschossen.

Es findet sich in der Geschichte der Technik kaum ein Erfinder, der über so lange Zeit mit so gehässiger Boshaftigkeit behandelt wurde wie Nicolas Leblanc. Es ging ja nicht darum, dass irgendwelche von reiner Idiotie erfüllten Autoritäten den Wert seiner Erfindung verkannt hätten, im Gegenteil; das Leblanc-Verfahren war das erste der chemischen Industrie, im frühen 19. Jahrhundert wurden in Frankreich 15 000 Tonnen künstliche Soda hergestellt und entsprechende Profite realisiert. Wer heute im Netz nach Bildern von Leblanc sucht, stößt immer nur auf seine Statue, die ihm

71 (!) Jahre nach seinem Tod im Ehrenhof des *Conservatoire des arts et métiers* errichtet wurde, Sinnbild des in Bronze gegossenen schlechten Gewissens einer ganzen Nation. Unter Napoleon III. wurden fünfzig Jahre nach Leblancs Tod wenigstens seine Erben entschädigt.

Das Leblanc-Verfahren war sehr erfolgreich, besonders in England, wo man Soda nicht nur zu den üblichen Zwecken brauchte, sondern auch zum Waschen der aus den Kolonien importierten Schafwolle, Grundlage der britischen Textilindustrie. Die Riesenmengen, die dazu nötig waren, lieferte die aufstrebende Alkali-Industrie, die erste chemische Großproduktion überhaupt. Allerdings: Die Bezeichnung »umweltschädlich« ist bei Leblanc ein glatter Euphemismus. Wir erinnern uns: Der Ausgangsstoff Glaubersalz entsteht aus Schwefelsäure und Salz. Die Produktion von Schwefelsäure erfordert das *Rösten* (Erhitzen) schwefelhaltiger Mineralien wie Eisenkies, wobei Schwefeldioxid entsteht, das zu Schwefeltrioxid weiteroxidiert und mit Wasser umgesetzt wird. Wobei erst 1746, als der Brite John Roebuck die Bleikammern, in denen diese Prozesse abliefen, erfunden hatte, überhaupt ausreichende Mengen an Schwefelsäure zur Verfügung standen. Vorher hatte man Schwefel mit Salpeter oxidiert (die Araber kannten diese Methode schon seit dem 8. Jahrhundert), um *Oleum* (Schwefelsäure) herzustellen; ebenjener Salpeter, den man mühsam von den Wänden der Abtritte ... und so weiter: Eine Produktion aufgrund von Salpeter lieferte Produkte im Labor-, nicht im Fabrikmaßstab. Die Bleikammer schuf Abhilfe, erst jetzt konnte der deutsche Chemiepapst Justus von Liebig die Schwefelsäure »das Barometer der wirtschaftlichen Prosperität« nennen. Die beim Prozess entweichenden Stickoxide und das Schwefeldioxid waren noch nichts im Vergleich zum Chlorwasserstoff, der als Nebenprodukt bei der Glaubersalzherstellung anfiel. Man ließ das ätzende Gas, das mit Wasser sofort Salzsäure bildet, einfach über Schornsteine entweichen.

Ein Blick auf die eigentliche Sodaerzeugung lehrt uns weiter, dass dabei eben nicht nur Soda entsteht, sondern auch Calciumsulfid, das als Abfall einfach irgendwohin gekippt wurde. Dort verrottete es nun langsam, soll heißen, es setzte mit Regenwasser den Schwefel als Schwefelwasserstoff H_2S frei – ja, genau, das ist das Gas, das nach faulen Eiern riecht. Außerdem ist es sehr giftig (nur dreimal weniger giftig als das Auschwitz-Gas Cyanwasserstoff; 0,1 Prozent Schwefelwasserstoff in der Luft führt schon nach wenigen Minuten zum Tod). Der teure, aus Sizilien importierte Schwefel verwüstete gasförmig in England ganze Landstriche. In seinem Buch »Dismal England« beschreibt der britische Journalist Robert Blatchford die »Alkalistadt« St. Helens noch 1899 so: »Der Himmel mit seinem schmierigen Rauch ist wie ein Dach ... Charakteristisch für die

Stadt sind die Schornsteine, Öfen, Dampflokomotiven, Rauch-wolken und die Kohleförderung. Sie produziert Pillen, Glas, Kohle, Chemikalien, Krüppel, Millionäre und arme Leute.«

Das Verfahren war auch technisch betrüblich ineffektiv. 1863 brauchte man sechseinhalb Kilo Ausgangsmaterial, um ein Kilo Produkt zu erzeugen, dabei sind Sodafolgeprodukte wie Seife und Bleichmittel schon eingerechnet. Dennoch wurden mit der Alkaliindustrie jährlich über eine Million Pfund verdient, davon schätzungsweise 300 000 Pfund Lohnkosten. Die erwähnten Rauch-wolken weisen auf die Heizung der Öfen dieser Industrie: Ohne Kohle wäre sie so wenig möglich gewesen wie ohne Schwefelsäure.

Die Umweltschäden und die geringe Materialeffektivität ließen Chemiker schon im frühen 19. Jahrhundert nach einer Alternative zu Leblanc suchen. 1861 fand der belgische Chemiker Ernest Solvay eine brauchbare technische Lösung, die sich mit wenigen chemischen Gleichungen beschreiben lässt. Man braucht eine gesättigte Kochsalzlösung (gesättigt heißt, da ist so viel Salz drin aufgelöst, wie überhaupt möglich) und leitet nacheinander erst das Gas Ammoniak und dann Kohlendioxid ein. Es bildet sich *Ammoniumhydrogenkarbonat:*

$$NH_3 + CO_2 + H_2O \rightarrow NH_4HCO_3$$

Das reagiert mit dem Kochsalz gleich weiter:

$$NH_4HCO_3 + NaCl \rightarrow NaHCO_3 + NH_4Cl$$

Ammoniumhydrogenkarbonat + Natriumchlorid ergibt Natrium-hydrogenkarbonat + Ammoniumchlorid.

Moment: Wo kriegt man denn das Ammoniak und das Kohlendioxid her? Gemach, zunächst zum Natriumhydrogenkarbonat $NaHCO_3$. Das dürfte auch in vielen Haushalten vorkommen, es ist der Hauptbestandteil von Backpulver. Warum? Weil es sich dankenswerterweise beim Erhitzen zersetzt:

$2 NaHCO_3$ zerfallen in $Na_2CO_3 + H_2O + CO_2$, also Soda, Wasser und Kohlendioxid. Letzteres lässt beim Backen den Kuchen aufgehen; beim Solvay-Verfahren wird es gleich vorne wieder in den Prozess eingeleitet, genau die Hälfte der benötigten Menge, die andere Hälfte Kohlendioxid erhält man auf bewährte Weise durch das Brennen von Kalk:

$CaCO_3$ zerfällt in CaO (Calziumoxid) und CO_2.

Die Frage nach dem Kohlendioxid ist geklärt: Es stammt aus dem Kalkstein. Das dabei entstehende Calziumoxid kann man dazu verwenden, aus dem weiter oben entstandenen Ammoniumchlorid das Ammoniak wiederzugewinnen:

$$CaO + 2 NH_4Cl \rightarrow 2 NH_3 + CaCl_2 + H_2O$$

Calziumoxid + Ammoniumchlorid = Ammoniak + Calziumchlorid und Wasser.

Das heißt: Ammoniak wird bei dem Prozess überhaupt nicht verbraucht, sondern immer im Kreis geführt! Was braucht man denn dann als Ausgangsstoffe? Zwei: Kochsalz und Kalk, die ergeben Soda und Calziumchlorid. Letzteres ist auch das einzige echte Abfallprodukt. Ziemlich raffiniert, Solvay hat auch Jahre gebraucht, den Prozess zur Reife zu entwickeln; die Fabrik, die er zusammen mit seinem Bruder 1863 gründete, stand die erste Zeit immer am Rand des Konkurses.

Das Solvay-Verfahren, auch *Ammoniak-Soda-Prozess* genannt, lässt sich in fünf chemischen Gleichungen zusammenfassen, die zu Zeiten, als es in der Schule auf reines Auswendiglernen ankam, ein probates Mittel darstellten, jemanden »hinauszuprüfen«. Eingedenk der Leiden so vieler Chemiegeschädigter und weil bald Weihnachten ist:

Nein, das Solvay-Verfahren brauchen Sie sich nicht zu merken, es wird nicht abgefragt!

Solvay schaut auf dem Bild genauso aus wie all die anderen ernsten und bedeutenden Bartträger vom Ende des 19. Jahrhunderts. Wenn Leblanc der Soda-Pechvogel war, dann könnte man Solvay den Soda-Glückspilz nennen: Die Firma Solvay existiert noch heute, ein Riesenkonzern mit 28 000 Mitarbeitern. Auch aus einem anderen Grund verdient es Solvay, dass unsere Blicke wohlgefällig auf seinem Porträt ruhen: Er war ein »Industriephilanthrop«, das heißt, er baute Schulen, Krankenhäuser, Arbeiterwohnungen und so weiter. Und er führte den Achtstundentag (!) ein – zu einer

Zeit, als die meisten Kapitalisten noch Stein und Bein schworen, der ganze Unternehmensprofit entstehe überhaupt erst in der zehnten Stunde … Außerdem hat Solvay mehrere Institute der Brüsseler Universität gegründet.

Im Übrigen hat er die so genannten Solvay-Konferenzen finanziert. Die erste fand 1911 statt, die vierundzwanzigste rund hundert Jahre später, 2008. Auf diesen Versammlungen diskutierte und diskutiert die *Creme de la creme* der Physik die jeweils neuesten Theorien und Probleme; die berühmteste war wohl die fünfte Solvay-Konferenz von 1927, wo die Quantentheorie vorgestellt wurde. Von den neunundzwanzig Teilnehmern (Einstein, Schrödinger, Bohr und so weiter und so fort) hatten oder bekamen siebzehn den Nobelpreis. Und bezahlt wurde das alles mit dem Erlös aus einem weißen Pulver, ohne das es keine Bleichmittel, kein Gerben von Leder, keine Klebstoffe, keine Waschmittel, kein Wasserglas und keine Seife gäbe. Auch das Papier, das Sie gerade in der Hand halten, wurde mit Hilfe der Soda hergestellt – und die große Fensterscheibe, durch die das Tageslicht auf diesen Text fällt, hätte man ohne reine und billige Soda nicht herstellen können. (Und auch nicht den glänzenden braunen Überzug auf den Laugenbrezeln.) Die einfachste Verbindung von verkrustetem Backblech und Quantenmechanik ist, wie eben gezeigt, die Soda; es ist eben »nur ein kleiner Schritt vom *Erhabenen*« – nein, nicht zum *Lächerlichen*, das behaupten nur Intellektuelle, die alles Erhabene ablehnen, Leute eben, die keinen rechten Bezug zur wirklichen Welt haben – der kleine Schritt führt vom Erhabenen zum Gewöhnlichen, vom *Großen* zum *Kleinen*. Das liegt daran, dass alles mit allem zusammenhängt. Viel enger, als wir glauben wollen.

Und das ist gut so.

Benzin

Benzin ist unter den Substanzen dieses Buches wohl die bekannteste und mengenmäßig dominierende. Es kann leicht sein, dass jemand nicht weiß, was Soda ist oder DDT – beim Benzin schließe ich das aus. Wir leben in einer Benzinwelt, kein Wunder bei über vierzig Millionen Pkws allein in Deutschland, von denen die Mehrheit wie vor hundert Jahren immer noch mit Benzin betrieben wird.

Was lässt sich über Benzin schon sagen? Es ist flüssig, stinkt und brennt gut. Wenn man aber näher hinschaut, fallen doch ein paar Merkwürdigkeiten auf. Zunächst: Jeder weiß, was Benzin ist, aber hat es auch schon jeder gesehen? Ich meine richtig gesehen als Flüssigkeit in messbarer Menge, nicht die paar Pfützen an der Tankstelle … Benzin ist unsichtbar. Man schiebt den Stutzen in die Tanköffnung und drückt den Hebel. Am Ende lässt man den teuren Stoff sorgfältig abtropfen, gekleckert wird (fast) nicht. Und wenn Benzin, aus welchen Gründen auch immer, außerhalb eines Autotanks transportiert werden soll, geschieht das in blickdichten Kanistern und nicht etwa in einer Klarsichtpackung. Von allen Flüssigkeiten, mit denen wir im Alltag umgehen (Wasser, Milch, Spülmittel und so weiter), ist Benzin die einzige, die unseren Blicken entzogen wird.

Das ist auch gut so, wenn wir einen Blick auf bestimmte Stoffdaten von Benzin werfen: Der *Flammpunkt* eines Stoffes ist die Temperatur, die er mindestens haben muss, damit sich darüber ein zündfähiges Dampf-Luft-Gemisch bildet. Zündfähig heißt, dass mit Funken oder Flamme von außen gezündet wird. Die *Zünd-temperatur* dagegen ist jene, bei der sich ein Stoff an der Luft von selber entzündet, also ohne Hilfe von außen. Der Flammpunkt von Benzin liegt unter -20 Grad, zum Vergleich der von Alkohol (Brennspiritus) immerhin bei +13 Grad; Alkohol muss also deutlich wärmer werden als Benzin, damit man ihn anzünden kann. Die Zündtemperatur von Benzin liegt je nach Sorte zwischen 200 und 410 Grad, die von Alkohol bei 425. Das heißt praktisch, bei allen »normalen« Temperaturen außerhalb des ostsibirischen Winters sollte Benzin nicht in die Nähe der kleinsten offenen Flamme kommen. Sonst brennt's. Von daher ist verständlich, dass man diesen Saft so gut wie möglich unter Verschluss hält; umso erstaunlicher ist das Vertrauen, das die Behörden in das durchschnittliche Sicherheitsbewusstsein der Normalbevölkerung setzen: Jeder, der will, ob mit Führerschein oder ohne, kann an der Tankstelle Benzin in unglaublichen Mengen zapfen. Versuchen Sie dagegen doch einmal, in einer Drogerie einen Liter Schwefelsäure zu besorgen! Da geht eine inquisitorische Fragerei los: Woher, wohin und warum überhaupt …? Außerdem ist Benzin giftig, das Einatmen der Dämpfe führt zum Tod. Stellen wir uns vor, Benzin würde erst heute in das alltägliche Leben eingeführt: Dann gäbe es einen »Erlaubnisschein« oder etwas Ähnliches; ein Papier, aus dem hervorgeht, dass man einen obligatorischen zweiwöchigen Kurs zum »Umgang mit leichten Kohlenwasserstoffen« absolviert hat. Mit Prüfung, praktisch und theoretisch. Ja, ich weiß, Sie können *Wundbenzin* ohne Weiteres in der Apotheke kaufen; in kleinen Fläschchen. Aber was glauben Sie, was die Ihnen sagen, wenn Sie dort fünfzig Liter haben wollen?

Benzin ist die große Ausnahmesubstanz der motorisierten Gesellschaft. Es hat sozusagen Narrenfreiheit, womit hier gemeint ist, dass es sich jeder Narr an Tausenden Verkaufsstellen besorgen kann. Niemals wird seine Gefährlichkeit öffentlich diskutiert, immer nur sein Preis. Eine Substanz, die von kaum jemandem je gesehen wurde, aber im Millionen-Tonnen-Maßstab an fast jeden zweiten und jede zweite der Bevölkerung verkauft wird. Und es passiert ja auch erstaunlich wenig: Der Mann, der mit dem brennenden Streichholz in den Tank leuchtet, um zu sehen, wie viel Benzin noch da ist, kommt nur im Witz vor. Die allermeisten Autounfälle gehen glimpflich in dem Sinne ab, dass sich das Benzin nicht entzündet – nur im Kino gibt es die schönen Feuerbälle. Zum Umgang mit »Gefahrenstoffen« existieren sogenannte »R- und S-Sätze« (Risiko- und Sicherheitssätze); fürs Benzin gibt es jeweils ein knappes Dutzend. Darunter diejenigen, die sich von selbst verstehen, zum Beispiel R12 – »hochentzündlich« (nicht etwa nur »leichtentzündlich«), aber an zweiter Stelle und damit als besonders wichtig gekennzeichnet steht schon R45, »Kann Krebs erzeugen«, und R48: »Gefahr ernster Gesundheitsschäden bei längerer Exposition«. Der Umgang mit diesem Teufelszeug erfordert natürlich entsprechende Vorsichtsmaßnahmen (S-Sätze): Man soll Explosionen vermeiden, das Benzin nicht in die Umwelt entlassen, besonders nicht in die Kanalisation, das ist ja klar – aber haben Sie gewusst, dass Sie »bei der Arbeit mit Benzin geeignete Schutzhandschuhe und Schutzkleidung tragen« sollten? (S36/37). Fragt sich, ob einfaches Tanken schon eine Arbeit ist. Wenn ja, müsste man sich dazu umziehen …

Benzin ist eine merkwürdige Substanz.

Die nächste Seltsamkeit ist der Name. Er kommt nicht vom Motorenerfinder Carl Benz, sondern nach Auskunft der Sprachwissenschaft vom arabischen *luban dschawi,* das heißt »Weihrauch aus Java«. Durch Umformungen entstand daraus im Mittellatein das Wort *benzoe,* die Bezeichnung für das Harz des in Südostasien beheimateten Benzoebaumes. Die russisch-orthodoxe Kirche nimmt dieses Harz anstelle des bekannteren Weihrauchs; in der frühen Neuzeit war es so kostbar, dass es die ägyptischen

Sultane als diplomatisches Geschenk nach Venedig und Zypern versendeten – und was hat das mit Benzin zu tun? Gemach, ich habe ja gesagt, die Sache ist seltsam ... Wenn man das wohlriechende Harz mit gebranntem Kalk erhitzt, entsteht eine ölige Substanz, die nicht mehr so gut riecht wie Benzoe, aber immer noch auf gewisse Weise aromatisch. Der deutsche Chemiker Eilhard Mitscherlich hat das 1834 gemacht und auch die Summenformel festgestellt: C_6H_6. Mitscherlich nannte dieses Öl *Benzin,* es war ja aus Benzoe hergestellt worden. Schon acht Jahre früher hatte der englische Physiker Michael Faraday über die Isolierung einer öligen Substanz berichtet, die bei der Produktion von Leuchtgas aus Walöl entsteht; es war dieselbe, Mitscherlichs Benzin. Der veröffentlichte seine Arbeit in den berühmten »Annalen der Chemie« – und deren Herausgeber war der deutsche Chemiepapst Justus von Liebig, der in einer Fußnote zu Mitscherlichs Arbeit dafür eintrat, die neue Substanz doch besser *Benzol* zu nennen statt *Benzin,* weil die Endung *-ol* darauf hindeute, dass die Verbindung als Flüssigkeit (lat. *oleum,* Öl) erhalten worden sei. Sein Wunsch war Befehl, es heißt im deutschen Sprachraum heute noch Benzol. Im Englischen aber heißt dieser Stoff *benzene,* weil die Endung *-ol* den Akoholen vorbehalten bleiben soll. Dieses *benzene* spricht man nun aber, um die Verwirrung voll zu machen, aus wie das deutsche Benzin, nur auf der ersten Silbe betont...

Und was hat Benzol nun wirklich mit Benzin zu tun? Fast nichts. Maximal ein Volumprozent Benzol darf im Benzin enthalten sein. Da hier so viel davon die Rede ist, die Strukturformel von Benzol:

Die sechs Ecken bezeichnen Kohlenstoffatome, an jedem hängt nach außen abstehend noch ein Wasserstoffatom, das in der Zeichnung meistens weggelassen wird. Der Kreis im inneren deutet den *aromatischen* Charakter an, der hier nicht heißt, dass die Sache besonders gut riecht, sondern dass neben den »normalen« Einfachbindungen (das sind die Striche zwischen den Ecken) noch eine zweite Bindungsart existiert, die alle Kohlenstoffatome zu einem völlig symmetrischen Sechserring miteinander verbindet.

Zurück zum Benzin. Den Mitscherlichschen Kunstnamen übertrug man in der Folge auf alle aus Teer oder Erdöl gewonnenen flüssigen Kohlenwasserstoffe, egal ob *aromatisch* oder nicht. Die nicht aromatischen heißen *aliphatisch*. Das Wort kommt vom griechischen *aleiphar* = »Salbe«. (Das zugehörige Zeitwort »salben« ist dann *aleiphein* und kommt zum Beispiel in der berühmten Geschichte in der Odyssee vor, wo Odysseus seinen Kameraden die Ohren mit Wachs salbt, damit sie die gefährlich betörenden Gesänge der Sirenen nicht hören können, die er sich, an den Mast des Schiffes gebunden, allein reinzieht …)

Wie sehen die Aliphaten in der Strukturformel aus? Etwa so:

$$H-\overset{\displaystyle\overset{H}{|}}{\underset{\displaystyle\underset{H}{|}}{C}}-\overset{\displaystyle\overset{H}{|}}{\underset{\displaystyle\underset{H}{|}}{C}}-\overset{\displaystyle\overset{H}{|}}{\underset{\displaystyle\underset{H}{|}}{C}}-\overset{\displaystyle\overset{H}{|}}{\underset{\displaystyle\underset{H}{|}}{C}}-\overset{\displaystyle\overset{H}{|}}{C}-H$$

Pentan: C_5H_{12}

5 Kohlenstoffatome (C) bilden eine Kette, wofür sie je eine ihrer vier Bindungen verbrauchen. Für die beiden am Ende der Kette bleiben dann noch 3 übrig, für die in der Mitte je 2. Diese überschüssigen Bindungen sind mit Wasserstoffatomen belegt (H) –

also abgesättigt. Deshalb spricht man auch von einem *gesättigten* Kohlenwasserstoff: Er enthält so viel Wasserstoffatome, wie überhaupt hineingehen, das sind bei einer Kette immer doppelt so viel wie Kohlenstoffatome plus zwei extra – die links und rechts am Ende der Kette herausschauen.

Manchmal können Sie auch Abbildungen wie die folgende sehen: Hier sind nur die Kohlenstoff- und Wasserstoffatome an den Enden der Kette als C und H gezeichnet, in der Mitte stehen nur vier Striche, die Bindungen zwischen den Kohlenstoffatomen darstellen; wo zwei Bindungsstriche sich treffen, an den »Ecken«, muss man sich ein Kohlenstoffatom denken, ebenso die beiden Wasserstoffatome, die da jeweils noch dranhängen. H_3C und CH_3 ist übrigens dasselbe, die *Methylgruppe*.

$$H_3C \diagup \diagdown \diagup \diagdown CH_3$$

Pentan heißt so, weil auf griechisch fünf *penta* heißt. Ist die Kette um ein Kohlenstoffatom länger, heißt das Ding Hexan (von griechisch »sechs« = *hexa*) und enthält 14 Wasserstoffatome: zwei mal sechs und zwei extra für die Enden. Ist die Kette um ein weiteres Kohlenstoffatom länger, heißt es Heptan von griechisch *hepta* = »sieben« ... Okay, okay, ich hör auch schon auf; das geht immer so weiter mit griechischen Zahlwörtern und einher mit einer gewissen – nun, sagen wir: Eintönigkeit ...

Was ich hier deutlich machen will, ist ein Problem der Chemiedidaktik. Wenn Sie nämlich unsere Kapitelüberschrift »Benzin« im Stichwortverzeichnis eines x-beliebigen Lehrbuchs der organischen Chemie nachschlagen, so finden Sie dieses in den kaum unter tausend Seiten dicken Wälzern merkwürdig weit vorne: Im legendären »Karrer« (8. Auflage, 1942) schon auf Seite 44, im moderneren »Beyer-Walter« (23. Auflage, 1998) auf Seite 91. Alle beginnen ihre Darstellung der Stoffe mit den gesättigten Kohlenwasserstoffen, die im Erdöl enthalten sind. Pentan, Hexan und Heptan sind wichtige Bestandteile des Benzins, wenn auch nicht die einzigen. Neben den gesättigten sind ungesättigte Kohlenwasserstoffe enthalten (die weniger Wasserstoffatome enthalten als möglich, dafür Doppelbindungen in der Kette ausbilden), es gibt verzweigte, ringförmige und aromatische. Alle sind farblose Flüssigkeiten von »leichtbeweglich« bis »ölig«, alle haben irgendwo einen Siedepunkt (je mehr Atome in der Kette, desto höher), alle kommen im Erdöl vor oder lassen sich in großtechnischen Verfahren ineinander umwandeln – und alle besitzen zwei Eigenschaften:

1. Sie brennen gut.
   (Und setzen dabei etwa
   10 Kilowattstunden Energie frei.)
2. Sie verbreiten lähmende Ödnis
   in den Chemiebüchern.

Der ersten Eigenschaft verdankt unsere energiesüchtige Zivilisation ihre Existenz, der zweiten die organische Chemie ihren verheerenden Ruf unter allen Studierenden, die sich ihr nicht aus Hauptinteresse widmen: Mediziner, Biologen, Physiker ... Es können leicht dreißig, vierzig Seiten vorüberziehen, bis in den Formeln ein anderes Element auftaucht als Kohlenstoff und Wasserstoff, meistens schüchtern ein Halogen: So nennt man Fluor, Chlor, Brom und Jod, was die Sache allerdings auch noch nicht wirklich spannend macht. Erst wenn der Lebensodem, der Sauerstoff, ins Spiel kommt, fängt die »richtige« Chemie an, mit Alkoholen, Aldehyden, Ketonen, Säuren, Estern und so weiter. Organische Chemie hieß ursprünglich so, weil ihren Gegenstand jene Stoffe bildeten, die aus der belebten Natur hervorgingen, aus Pflanzen und Holz, aus Fleisch und Blut. Sie hervorzubringen, so die Meinung der Naturphilosophen, sei eine *vis vitalis* nötig, die den anorganischen, toten Stoffen des Mineralreichs völlig mangle. Friedrich Wöhler bewies 1828, was es mit der vis vitalis auf sich hat, nämlich gar nichts – er stellte Harnstoff, einen Urinbestandteil, aus *Ammoniumcyanat* her, ein Salz aus toter Materie, das letzten Endes aus Ammoniak, Kohlenmonoxid und Kaliumcarbonat zugänglich war.

In den Lehrbüchern beginnt die organische Chemie eben mit den Benzinbestandteilen, Überresten von unvollständig zersetzten Stoffen belebter Meeresorganismen (vor allem ihrer Fette), die aber schon ziemlich lange tot sind, Jahrmillionen, und die ihre »Totheit« den mit Chemie geplagten Studenten mitzugeben scheinen, die sie als drückende Last einer gar nicht auszudenkenden Langweiligkeit empfinden. Nichts anderes verbirgt sich hinter der beschönigenden Bezeichnung Lernfach, ein Fach, das keiner lernt, der nicht dazu gezwungen wird.

Der Grund für die didaktische Beliebtheit der Kohlenwasserstoffe liegt nicht bei den Kohlenstoff-, sondern den Wasserstoffatomen: Wenn man sie durch andere Elemente ersetzt, entsteht tatsächlich das Wunderreich der organischen Chemie mit ihren Millionen verschiedener Stoffe – für Systemdenker ist das schön, aber nicht für Studenten, die schon aus der Mittelschule einen mentalen Chemieschaden mitbringen und dann zunächst seitenweise Kohlenwasserstoffketten sehen, wenn sie das ungeliebte Lehrbuch aufblättern – unverzeigte, verzweigte und ihre Umwandlung ineinander.

Benzin macht man bekanntlich aus Erdöl. Da der natürliche Benzingehalt bei Weitem nicht ausreicht, den Verbrauch zu decken, wandelt man andere, höhersiedende Bestandteile des Erdöls in Benzin um. Erdöl selber ist schon seit Jahrtausenden bekannt, die moderne Suche danach begann aber erst im 19. Jahrhundert. Warum? Kein Mensch dachte bei Erdöl an Benzin. Das ergab sich buchstäblich bei der Destillation – aber ohne rechten Verwendungszweck. Benzin war in der frühen Ölindustrie ein lästiges und feuergefährliches Abfallprodukt. Der eigentliche Zweck der Erdölsuche war – Beleuchtung. Die Moderne kann man, wenn man will, auch als die Epoche definieren, in der die Menschen beginnen, die natürlichen Grenzen von Tag und Nacht zu verschieben. Der immer größer werdende alphabetisierte Teil der Gesellschaft begann zu lesen. Zeitungen, Traktakte, Romane oder auch nur die Heilige Schrift. Dazu brauchte es künstliches Licht, denn der Abend war nach einem vielstündigen Arbeitstag die einzig verbleibende Zeit für Lektüre. Wachskerzen waren viel zu teuer für längere Beleuchtung – billigeres und besseres Licht lieferte die Öllampe, die am besten mit dem aus Pottwalen gewonnenen Öl funktionierte. Um 1840 standen diese Tiere aber schon an der Grenze der Ausrottung. Der Waltran ist der eigentliche Handlungsantrieb in Melvilles Jahrhundertroman »Moby Dick«. »Der alte, blinde Wal musste sterben. Er wurde ermordet, denn sein Öl soll brennen zu den Festen der Menschen und den Feiern der Kirche, wo man die Liebe zu allen Geschöpfen predigt.«

Das Öl wurde teuer, Ersatz war gefragt. Der deutschstämmige kanadische Arzt Abraham Gesner hatte 1846 eine Methode entwickelt, aus Kohle ein Öl zu gewinnen, das er *kerosene* nannte (nicht zu verwechseln mit dem deutschen Begriff Kerosin). Dieses Petroleum brannte heller und sauberer als Walöl. Bald stellte sich heraus, dass man das moderne Leichtöl auch aus Erdöl destillieren konnte.

Der Gründungsmythos großer Dinge braucht einen Menschen, einen Ort und ein Datum.

Beim Erdöl ist der Mensch Edwin Laurentine Drake.

Der Ort ist Titusville in Pennsylvania, das Datum der 27. August 1859. Dort stand in einem 21 Meter tiefen Bohrloch, das Drake hatte abteufen lassen, plötzlich Erdöl. Bekannt war es auch in Amerika schon lange. Die Seneca-Indianer verwendeten es als Heilmittel zum Einreiben bei Gliederschmerzen, es trat an verschiedenen Orten aus dem Boden, der Missionar David Leisberger berichtete schon 1767 von Ölfunden am Allegheny River und der Verwendung des Öls für medizinische Zwecke; ein Nebenfluss des Allegheny war jener Oil Creek, an dem Drake bohren ließ. Das auf Wundermedizinen versessene Amerika kaufte dem Salzproduzenten Samuel Kier schon lange das Öl, Nebenprodukt einer Salzquelle, abgefüllt in Halbliterflaschen zu Zigtausenden als natürliches Heilmittel ab; es sollte gegen fast alle Krankheiten wirksam sein. Kier war es auch, der auf die Idee kam, das Öl zu destillieren (mit einer Whiskey-Brennanlage) und das dabei gewonnene Lampenöl als ebensolches zu vermarkten, was noch höhere Gewinne versprach als die Patentmedizin.

Das Feld war bereitet, »Colonel Drake« konnte den Schauplatz betreten. Er war nie Oberst einer Armee gewesen, der Titel war ein Einfall seines Chefs, des Bankiers James Townsend, um die hundertfünfundzwanzig Einwohner des erst fünfzig Jahre zuvor gegründeten Örtchens Titusville zu beeindrucken. Er hatte mit Partnern die Pennsylvania Rock Oil Company of New York gegründet. Was Mister Townsend veranlasst hat, Mister Drake als Bohrungsleiter für tausend Dollar Jahresgehalt anzustellen, ist ein bisschen unklar; Drake hatte nie eine Schule besucht, es aber nach Abstechern in verschiedene Berufe zum Zugführer bei der Eisenbahn gebracht (laut anderen Quellen war er einfach Schaffner).

Zunächst versuchte er es auf die einfache Tour und ließ einen Schacht ausheben, auf dessen Grund sich das Öl sammeln sollte. Dort sammelte sich, als der Schacht schon zehn Meter tief war, nur Wasser. Also musste gebohrt werden. Zur Anwendung kam das von den Solebohrungen bekannte Seilschlagverfahren. An einem langen Seil hängt das aus Meißel und Schwerstange bestehende Bohrgerät, das man von einer Dampfmaschine periodisch hochheben und dann wieder ins Bohrloch niedersausen lässt. Der Meißel zertrümmert das Gestein an der Bohrsohle. Dass regelmäßig mit einer Schlammbüchse das zerkleinerte Material heraufgehieft werden muss (wieder mit einem Seil) und in der Zeit der Bohrbetrieb stillsteht, wird in historischen Rückblicken gern verschwiegen. So erklärt sich aber der absurd langsame Bohrfortschritt: Unter günstigsten Bedingungen drei Fuß pro Tag, das heißt einen knappen Meter.

Als das Öl schließlich floss, entstand ein Boom wie vorher beim kalifornischen Gold. Drei Monate später hatte Titusville neuntausend Einwohner, Ölbohrer, Glücksritter, Spekulanten und Begleitpersonal. Es gab 19 produzierende Bohrungen. In ganz Pennsylvania wurden 1859 2000 Barrel Öl gefördert, 1860 waren es schon 500 000 und 1862 bereits 3 Millionen. Zehn Jahre später produzierten 250 Raffinerien in den USA 5 Millionen Barrel Öl pro Jahr, das waren 90 Prozent des Weltölverbrauchs – und sind heute der Weltverbrauch von *eineinhalb Stunden.*

Drake wurde reich, verlor aber alles. Wo? Natürlich an der Wall Street – mit Ölspekulationen. Der Staat Pennsylvania setzte ihm eine Pension aus, er starb 1880. Edwin Laurentine Drake hat nichts erfunden und nichts getan, was nicht andere schon vor ihm getan hatten. Er war kein Ingenieur und hat nie selber Hand angelegt, das konnte er auch gar nicht, saß er doch wegen seines schweren Rheumas die meiste Zeit im Rollstuhl. Aber er war zur richtigen Zeit am richtigen Ort. Er hat nach Öl gebohrt. Und welches gefunden. Manchmal genügt das für die Unsterblichkeit.

Was an Benzin noch interessant ist? Die Oktanzahl. Der Name kommt von *octo*, lat. »acht«, und bezieht sich auf den gesättigten Kohlenwasserstoff mit 8 Kohlenstoffatomen. Gemeint ist allerdings nicht das gewöhnliche Oktan, sondern die früher *Isooktan* genannte Variante, heute korrekterweise als 2,2,4 Trimethylpentan bezeichnet. Ausschauen tut sie so:

Wir erkennen 5 *Methylgruppen*. Aber wieso steht dann da etwas von Trimethylpentan? Wenn Sie die oberen drei mit dem Finger abdecken, steht da die zweite Pentanformel von Seite 78, 3 Methylgruppen ersetzen 3 Wasserstoffatome von den insgesamt 6 Wasserstoffatomen, die beim Pentan an den inneren Kohlenstoffatomen hängen; die sind hier wieder nicht ausgezeichnet, sondern nur durch die Stellen markiert, wo die Bindungsstriche zusammenlaufen, das Bild würde sonst total unübersichtlich. Der Ausdruck »verzweigt« erklärt sich durch die Darstellung wohl von selbst. Diese merkwürdige Substanz hat die Oktanzahl 100. Was es damit auf sich hat, war zumindest dem Autofahrer früher leichter zu erklären als heute. Im »Noller« von 1960, einem Lehrbuch der organischen Chemie, findet sich im Erdölkapitel der Satz: »Jedermann kennt das Klopfen des Benzinmotors, das auftritt, wenn man im Automobil lange Steigungen zu überwinden hat oder wenn man versucht, einen Wagen zu schnell zu beschleunigen.« Heute darf man davon ausgehen, dass nicht jedermann, sondern niemand mehr diese merkwürdige Erscheinung kennt. Ihre Ursache lag in der Bauweise des völlig zu Recht so heißenden *Explosionsmotors*: Eine Mischung aus fein verteiltem Benzin und Luft wird in den Zylinder gesaugt, verdichtet und durch die Zündkerze zur Explosion gebracht – aber eigentlich meint man eine *Deflagration*, eine zwar sehr schnelle, aber kontrollierte Verbrennung, das heißt, die Flammenfront wandert als schöne Kugelschale von der Zündkerze weg durch den ganzen Zylinder. Das ist ein Idealbild. In der Praxis kam es oft vor, dass die Verbrennung unkontrolliert an mehreren Stellen passierte, das ergab extreme Druckspitzen und ein hammerschlagartiges Geräusch, eben das »Klopfen«. Für den Motor ist das nicht gut, er geht ziemlich schnell kaputt. Klopfen wird durch hohe Verdichtung des Gemischs begünstigt, hohe Verdichtung braucht man für hohe Leistung. Je leistungsfähiger die Motoren wurden, desto öfter trat das Klopfen auf. Man hat natürlich auch untersucht, wie sich der Kraftstoff auf das fatale Klopfen auswirkt.

Und siehe da: Je »gerader« die Kohlenwasserstoffkette ist, desto stärker neigt der Motor zum Klopfen, je »verzweigter«, desto weniger. Eine *Klopffestigkeit* von 0 wurde dem n-Heptan zugeschrieben, eine von 100 dem sehr klopffesten Isooktan. Ein Benzin mit der Oktanzahl 90 klopft im Probemotor genauso stark wie ein Gemisch aus 90 Prozent Isooktan und 10 Prozent n-Heptan … Wie meinen? Ob das Superbenzin mit 105 Oktan aus 105 Prozent Isooktan besteht? Natürlich nicht, Sie Scherzbold! Die 105 sind rein rechnerisch extrapoliert – es gibt nämlich Zusätze, die in geringen Mengen das Benzin noch klopffester machen, als reines Isooktan das könnte, und das ist gut so, denn diese Referenzsubstanz muss aus anderen Erdölbestandteilen hergestellt werden, und das ist teuer. In den Zwanzigerjahren entdeckte man bei General Motors, dass die Substanz *Tetraäthylblei*, in geringer Menge dem Benzin zugesetzt, die Klopffestigkeit dramatisch verbesserte. Üblich waren ein paar Gramm pro Liter. Tetraäthylblei ist eine schwere, in Wasser unlösliche, in Benzin sehr gut lösliche Flüssigkeit. Und giftig.

Wahnsinnig giftig. Das Blei wird durch die Haut resorbiert; aus dem Auspuff ausgestoßen, verteilt es sich fein auf den Wiesen und Äckern neben der Straße. Es ist zwar weniger giftig als das Umweltmonster Dioxin, aber das ist eine Verunreinigung anderer Stoffe und gelangt sozusagen ohne Absicht in die Umwelt, während das Antiklopfmittel mit jedem gefahrenen Kilometer aus dem Auspuff kommt; die Folgen wurden zwar nicht billigend, aber eben doch in Kauf genommen. Der Kampf gegen Tetraäthylblei dauerte Jahrzehnte; erst der Katalysator hat das Blei aus den Tanks vertrieben, er verträgt es nicht. Seit 1. Januar 2000 ist verbleites Benzin in der EU verboten. Die Klopffestigkeit wird heute durch Zusatz anderer Additive gewährleistet, vor allem durch verschiedene Äther, die synthetisch hergestellt werden müssen.

In Deutschland werden jedes Jahr 28 Milliarden Liter Benzin verfahren, circa 350 Liter pro Kopf, fast vier Mal mehr als Milch getrunken wird. 28 Milliarden Liter, das ist 1,8 Mal der Große Wannsee in Berlin. Oder ein halbmeterdickes Rohr, aus dem das Benzin mit 16 km/h herausfließt, ununterbrochen, tagein, tagaus. Als Naturphänomen ist das kein Bächlein mehr, sondern schon ein ordentlicher Bach. Jetzt wollen wir gar nicht erst anfangen, das alles in Kohlendioxid umzurechnen, das geschah und geschieht an anderer Stelle zur Genüge.

Benzin ist endlich, weil Öl endlich ist. Das wissen alle. Der Punkt ist: Wir wollen ja gar kein Benzin, wir wollen Auto fahren. Wann wir wollen, wo wir wollen, so weit wir wollen (und, wenn's geht, so schnell wir wollen). Und natürlich so billig wie möglich. Was uns das ermöglicht, muss kein Gemisch stinkender, leicht entzündlicher Kohlenwasserstoffe sein, durchaus nicht, da sind wir ganz offen für Alternativen, immer her damit!

Seit der ersten Ölkrise 1973 wabern solche Alternativen durchs Reich der Vorstellungen und Wünsche, ein technisches Märchenland des billigen, umweltfreundlichen, vor allem aber des ewigen Individualverkehrs. (Ja, ich weiß, man sagt nicht *ewig*, sondern *nachhaltig*, weil das in einer Gesellschaft, die sich vor allem Metaphysischen fürchtet, nicht so unheimlich klingt.) Zum Beispiel gab es eine ganze Reihe von Batterietechnologien, die dem Elektroauto zum Durchbruch verhelfen sollten – »in wenigen Jahren« oder in »fünf Jahren«, nach Ansicht von »Experten«. All diesen revolutionären Batterien eignet das Merkmal, das aus ihnen nichts geworden ist. Die Batterien, die Sie kaufen können, sind nicht ganz so revolutionär, dafür teuer. Das Elektroauto ist keine Massenerscheinung. Warum?

Je nun, die Antwort liegt buchstäblich in einem schwer gesicherten Tresor irgendwo in Texas als dem historischen Zentrum der amerikanischen Ölindustrie, und zwar in Form eines Patents, das bei Bekanntwerden die Ölmultis über Nacht an den Bettelstab brächte, weil es das Autofahren mit Wasser oder Luft ermöglichen würde … Weshalb es natürlich aufgekauft oder geraubt und der Erfinder gekauft oder mundtot gemacht oder sonst wie … behandelt würde; hier darf man einsetzen, was die jeweilige Verschwörungstheorie vorgibt. Sie glauben das nicht? Ich auch nicht so recht. Wenn die populäre Antwort nicht stimmt, bleibt nur eine weniger populäre: Aus dem Elektroauto wurde bisher nichts, weil der gewöhnliche Autofahrer nicht nur sechzig oder hundert Kilometer weit fahren will, sondern nach München oder Berlin oder Wien (von wo auch immer), und falls er dazu tanken muss, will er dafür drei Minuten aufwenden und nicht acht Stunden an einer Steckdose hängen. Ganz einfach.

Was ist mit Wasserstoff? Der ließe sich im Prinzip aus Wasser herstellen – mit Ökostrom, versteht sich.

Mit der Wasserstofftechnologie ist es allerdings wie bei »Warten auf Godot« – dieser Godot, auf den Estragon und Wladimir das ganze Stück hindurch warten, kommt nämlich nicht. Immerhin lässt er ausrichten, er käme schon noch – ähnlich ist es mit der Wasserstofftechnologie. Immer heißt es: Jetzt müssten die politischen Voraussetzungen geschaffen werden, sonst wird es nichts mit dem Wasserstoff. Aber ganz ähnlich hat es schon vor fast vierzig Jahren bei der ersten Ölkrise geklungen. Passiert ist nichts Entscheidendes … Die Crux beim Wasserstoff sind neben seiner Herstellung aus Erdgas seine Eigenschaften: Wasserstoff ist ein Gas – ein leichtes Gas, das leichteste aller Gase überhaupt, weshalb man es ja früher auch in die Zeppeline eingefüllt hat. Ein Kubikmeter wiegt nur 90 Gramm, der Energieinhalt dieser Menge liegt unter realistischen Bedingungen bei 3 Kilowattstunden, weniger als ein Drittel des Energieinhaltes von Erdgas. Also muss man das Gas komprimieren, normalerweise bei 200 Atmosphären Druck in Stahlflaschen. Zum Beispiel enthält ein halbmeterdicker Stahltank bei diesem Druck rund 100 Kilowattstunden, den Gegenwert von 10 Litern Benzin. Allerdings wiegt er über 300 Kilo! Sehr weit kommt man damit nicht. Zum Vergleich: Ein Liter ganz normales Pflanzenöl enthält 130 Gramm Wasserstoff chemisch gebunden – um rein durch Druck 130 Gramm Wasserstoff in einem Liter unterzubringen, müsste ich ihn auf über 1400 Atmosphären komprimieren, großtechnisch möglich, im Auto völlige Illusion. Also flüssi-

ger Wasserstoff? Die periodisch aufflammende Euphorie hinsicht-
lich Flüssigwasserstoff ist nicht recht verständlich. Das Zeug ist
immerhin -250 Grad kalt und hat als tiefkalte Flüssigkeit nur 40
Prozent des Energieinhaltes von Benzin, denn flüssiger Wasserstoff ist elfmal leichter als Benzin. Der Tank muss sehr gut gegen
Wärmeverluste isoliert werden, er ist nicht einfach eine große
Thermosflasche. Mit dem Gewicht der Superisolation erreicht das
System eine Energiedichte von knapp 5 Kilowattstunden pro Kilo, etwa die Hälfte eines Benzintanks. Flüssigen Wasserstoff zu tanken ist bis jetzt eher etwas für Chemieingenieure, weil die Zulei-
tungen natürlich ebenfalls auf tiefe Temperaturen gekühlt werden
müssen. Aber auch im stark isolierten Tank wird der Wasserstoff
allmählich verdampfen, egal ob das Auto steht oder fährt; das Gas
muss durch (mehrfach vorhandene!) Sicherheitsventile entweichen können, sonst explodiert der Tank.

Sieht alles nicht sehr erbaulich aus. Eine Möglichkeit gäbe es allerdings: *Wasserstoffperoxid.*

Der deutsche Ingenieur Hellmuth Walter war schon Mitte der
Dreißigerjahre vom Militär beauftragt worden, eine Gasturbine zu
entwickeln. Dabei stieß er auf Wasserstoffperoxid als Antriebsstoff.
Diese Substanz ist eine Art Wasser mit Extra-Sauerstoff. Fügt man
winzige Mengen bestimmter Salze hinzu, zerfällt sie schnell in Wasser und Sauerstoff.

$$2 H_2O_2 \rightarrow 2 H_2O + O_2 + \text{Wärme}$$

Dabei entsteht eine beträchtliche Wärmemenge: 400 Wattstunden pro Kilogramm des Gemisches. Das Wasser wandelt sich in
480 Grad heißen Dampf um, der eine Turbine antreibt. Dieser
sogenannte »Walter-Prozess« wurde in Motoren, Turbopumpen,
vor allem aber in U-Booten eingesetzt. Die »Walter-U-Boote« waren unerhört schnell. Nach dem Zweiten Weltkrieg gehörte ihnen

nur deshalb nicht die Zukunft, weil man keine lauten, sondern unortbar leise U-Boote mit atomarem Antrieb brauchte.

Der Kraftstoff der Zukunft muss unter anderem zwei Bedingungen erfüllen: Er sollte keinen fossilen Kohlenstoff enthalten und allein aus regenerativen Quellen herstellbar sein. Wasserstoffperoxid enthält überhaupt keinen Kohlenstoff, das Abgas besteht nur aus Wasser und Sauerstoff. Wie wird es erzeugt? Das heute allgemein übliche Verfahren verwendet Wasserstoff, der aus Sonnenstrom erzeugt werden kann – man könnte Wasserstoffperoxid deshalb als Speicher für elektrischen Strom bezeichnen. Ein älteres Verfahren wandelt den Strom direkt ins Produkt um – wie auch immer: Der Speicher fasst 400 Wattstunden pro Kilogramm. Dagegen fasst die übliche Bleibatterie nur 40 Wattstunden, die Nickelcadmium-Batterie 50 Wattstunden pro Kilo, also ein Achtel von Wasserstoffperoxid.

Was wären die Vor- und Nachteile?

Beginnen wir mit den Nachteilen: Wasserstoffperoxid ist als 3-prozentige Lösung in Wasser ein harmloses Mittel zum Gurgeln, als 90-prozentige Lösung ist es ein Raketentreibstoff. Es ist giftig und ätzend, irgendwo zwischen 3 und 90 Prozent wäre dann der Autotreibstoff, vielleicht bei 60 Prozent. Man sollte es sich beim Tanken nicht über die Hände schütten. Auch nicht auf die Schuhe. Und nicht auf den Asphalt neben der Zapfsäule. Weil das Mittel diese organischen Stoffe heftig zu oxidieren beginnt. Sagen wir so: Das Sicherheitsbewusstsein beim Wasserstoffperoxid müsste schon ein gewisses Niveau haben …

Der größte Vorteil: H_2O_2 ist eine farblose Flüssigkeit mit einem Siedepunkt weit über hundert Grad. Man braucht keinen Druckbehälter wie beim gasförmigen und keinen Spezialtank wie beim flüssigen Wasserstoff. Man kann es mit einigen Vorsichtsmaßnahmen tanken wie Benzin oder Diesel. Mit Stabilisatoren als Zusatz zersetzt es sich nur zu 2 Prozent *pro Jahr,* also nicht mit mehreren Prozent *pro Monat*, wie das bei einer Batterie der Fall ist. Das Peroxid zersetzt sich zu Wasserdampf und Sauerstoff und könnte einen Dampfmotor antreiben. Das Kilo Wasserstoffperoxid kostet im Tonnenmaßstab eingekauft etwa 60 Cent. Jedenfalls ist das eine Idee, die weiterverfolgt werden sollte.

Chinin

Von den Substanzen, die in diesem Buch vorkommen, ist Chinin die vom Zeitgenossen wohl am meisten unterschätzte.

Wer sich für die Inhaltsstoffe der Nahrungsmittel interessiert (und ein Büchlein mit den »E-Nummern« zu Hause hat), wird Chinin als Bestandteil des Tonicwaters kennen und wissen, dass der bittere Geschmack eben davon kommt. Er wird Chinin für eine Art Gewürz halten – eben dazu da, diese aparte Bitternis zu erzeugen.

Chinin ist viel mehr. Letztlich ist die Substanz dafür verantwortlich, dass die Staaten des tropischen Gürtels so auf dem Globus verteilt sind, wie wir das heute kennen; in ihnen spiegelt sich ja die Geschichte des Kolonialismus der letzten drei Jahrhunderte – und eben den hätte es in dieser Form ohne Chinin nicht gegeben und nicht geben können. Viele würden das für einen Segen halten (wir wissen nur nicht, was anstelle kolonialer Eroberung und Ausbeutung passiert wäre), aber ohne Chinin, das ist sicher, hätte es das weltumspannende Britische Empire nicht gegeben, und deshalb wäre auch die Geschichte Europas in unabsehbarer Weise anders verlaufen.

Ein Nebengedanke dazu aus deutscher Sicht: Wer anders als ein durch Welthandel mächtiges England hätte dem Alten Fritz Subsidien für seinen Siebenjährigen Krieg zahlen können? Er hätte ihn, da es ohnehin auf Spitz und Knopf stand, wahrscheinlich verloren …

Zunächst: Was ist das eigentlich, dieses Chinin?

Chinin (1)

Sieht kompliziert aus, ist es auch. Bezeichnungen wie üblich: C ist Kohlenstoff, H ist Wasserstoff, N ist Stickstoff und O ist Sauerstoff.

Es gelang erst 1944, diese Substanz aus einfachen Vorläufern im Labor zu erzeugen. Wenn man sie generell labormäßig herstellen müsste, wäre sie so astronomisch teuer, dass man Chinin sicher nicht als Limonadenzusatz verkaufen könnte. Gott sei Dank muss man das nicht, Chinin kommt fertig in der Natur vor, vor allem in der Rinde des Chinarindenbaumes. Damit beginnen schon die Kalamitäten ähnlich klingender Wörter: Der Chinarindenbaum stammt nämlich nicht aus China, sondern hat seinen Namen vom indianischen Wort *quina* (Rinde). Der bis zu 20 Meter hohe Baum mit langen elliptischen Blättern war ursprünglich nur im Hochwald der Anden heimisch, auf über 1500 Meter Seehöhe. Die Ureinwohner nannten die Rinde allerdings nicht bloß *quina,* sondern *quina-quina* (Rinde der Rinden); etwa in dem Sinne, wie man heute sagt: *Creme de la creme* – also das Beste überhaupt! Darin deutet sich eine gewisse Wertschätzung an; merkwürdig ist nur, dass die uns bekannte Hauptanwendung dieser Rinde, die Behandlung der Malaria, in Südamerika bis zum Eintreffen der Spanier unbekannt war. Quina-quina, beziehungsweise das darin enthaltene Chinin, scheint also von den Ureinwohnern schon vor der Malariaepoche für andere medizinische Zwecke verwendet worden zu sein: Es wirkt schmerzstillend, betäubend, senkt das Fieber und fördert die Wehen, bei höherer Dosierung wirkt es als Abtreibungsmittel. Außerdem erhöht es in kleinen Dosen die körperliche Leistungsfähigkeit.

Es gibt nicht nur einen Chinarindenbaum, sondern etwa vierzig verschiedene, schwer unterscheidbare und miteinander Hybride bildende Arten; die zusammenfassende Gattung nannte der Begründer der modernen Botanik, der Schwede Lineé, *Cinchona*. Dieser Name hat nun wieder nichts mit der Rinde quina-quina zu tun, sondern stammt von der ersten Europäerin, die erfolgreich mit Chinarinde behandelt wurde. Diese Dame war die Gattin des Vizekönigs von Peru, des spanischen Granden Don Luis Fernandez de Cabrera Bobadilla y Mendoza; die Gräfin war an dem aus der Heimat wohlbekannten und gefürchteten Wechselfieber erkrankt. Als letztes verzweifeltes Mittel verfiel der Arzt Juan de Vega auf die Idee, aus dem 800 Kilometer entfernten Loxa (im heutigen Ecuador) die Wunderrinde in die peruanische Hauptstadt in den Palast von Lima zu holen; die Dame trank einen Absud der Rinde – und wurde geheilt! Seither nannte man es »Gräfinnenpulver«. Dr. de Vega kehrte zehn Jahre später nach Spanien zurück, wo er das Pulver um einen Goldsouvereign pro Unze an die Vermögenden verkaufte. In der Folge kümmerte sich der in Südamerika sehr aktive Jesuitenorden um das Sammeln und den Export der Rinde, was ihr den Beinamen »polvo de los jesuitos« (Jesuitenpulver) einbrachte.

Um die Bedeutung dieses Heilmittels richtig einzuschätzen, muss man sich über die Krankheit klar werden. Malaria ist für den Westeuropäer eine Sache, der er sich widmen muss, wenn er eine Urlaubsreise in die Tropen plant – in Form einer lästigen Malariaprophylaxe mit Einnahme scheußlicher Tabletten; ansonsten hat diese Krankheit im Norden der Welt höchstens anekdotische Evidenz: Der oder die soll nach der Rückkehr von einem Trip trotz

Prophylaxe einen »Schub« gekriegt haben; oder die Geschichte von der einen Mücke, die während der Zwischenlandung durch die geöffnete Flugzeugtür eingedrungen ist und einen Passagier infiziert hat … Für die Bewohner des Südens sieht das alles ein bisschen weniger anekdotisch aus.

Über die Malaria haben wir schon einiges im DDT-Kapitel erfahren; jedes Jahr erkranken zweihundert Millionen Menschen daran, ein bis zwei Millionen sterben. Fast die Hälfte der Weltbevölkerung lebt in Gebieten mit Malariarisiko. Beim wohl prominentesten Opfer dieser uralten Menschheitsgeißel wurde die Malaria erst 2010 diagnostiziert, beim Pharao Tut-anch-Amun, dessen goldene Totenmaske noch nach 3300 Jahren als Sinnbild der ägyptischen Kultur verstanden wird. Zwei Jahre dauerten die Untersuchungen und DNA-Analysen der Mumie, dann stand es fest: Er wurde nicht ermordet, sondern litt als Frucht einer Geschwisterehe an mehreren Erbkrankheiten; ein schwer Behinderter, den die Malaria erlöste, da war er erst neunzehn.

Die Bedeutung der Malaria für den Gang der Weltgeschichte kann gar nicht überschätzt werden. Nach den Perserkriegen im 5. Jahrhundert v. Chr. bauten die Griechen ihre Flotten kräftig aus, was ungeheure Mengen an Holz erforderte. Die Abholzung weiter Gebiete in Griechenland fiel schon Plato negativ auf; sie führte aber nicht nur zur Verkarstung der Gebirge, sondern die erhöhte Schwemmfracht der Flüsse ließ die Täler und Flussmündungen versumpfen – so entstanden eben jene Gebiete, in denen sich die Anophelesmücke besonders wohlfühlt, die Malaria breitete sich in Attika sehr schnell aus. An vielen Stellen der kleinasiatischen Küste bildeten sich aus dem mitgeführten Material der Flüsse flache Dämme, davor »ausgesüßte« Lagunen, vom Meer mehr oder weniger getrennt – ideale Brutgebiete für die Mücke, die für die Ablage ihrer Eier auf stehendes, sauberes, vor allem aber nicht-salzhaltiges Wasser angewiesen ist. Viele Küstenstädte fielen der Malaria zum Opfer, am Niedergang Griechenlands in den folgenden Jahrhunderten war sie zumindest beteiligt – Alexander der Große starb 323 v. Chr., erst dreiunddreißig Jahre alt, innerhalb von zwölf Tagen an Malaria.

Auch in der Geschichte Roms finden sich Spuren der Krankheit. Die Gründe sind dieselben wie in Griechenland: Abholzung zum Flottenbau, vermehrte Erosion, Versumpfung der Ebenen. Mit der Einführung der Latifundien, ausgedehnter Landgüter, die von Sklavenheeren bewirtschaftet wurden, verfielen die früher von den Etruskern angelegten Entwässerungssysteme allmählich; die »Pontinischen Felder« südlich der Hauptstadt waren schon im vierten vorchristlichen Jahrhundert, als die Via Appia gebaut wurde, zu den gefürchteten Pontinischen Sümpfen geworden – und das blieben sie buchstäblich 2300 Jahre lang bis ins 20. nachchristliche Jahrhundert – eine Brutstätte der Malaria. Der Sumpf wurde nicht etwa gemieden, weil man darin versinken konnte, sondern weil sich Menschen im ganzen Gebiet einfach nicht aufhalten konnten, ohne dem Sumpffieber zum Opfer zu fallen. Die Pontinischen Sümpfe waren das prominenteste, aber nicht einzige Beispiel in Italien. »*Quartana te teneat*« – »Das Viertagefieber soll dich holen!« – war der übelste Fluch der Römer. Während der Völkerwanderung war die Malaria durch den Zusammenbruch der Landwirtschaft in Italien so endemisch geworden, dass sie der Halbinsel sogar einen gewissen Schutz vor Invasoren bot: Eher die Malaria als die Reden Papst Leos III., der ihm entgegengezogen war, soll im Jahre 452 den Hunnenkönig Attila vor den Toren Roms haben umkehren lassen; die Seuche war in seinem Heer schon ausgebrochen.

Im Mittelalter wirkte die Malaria besonders fatal auf die vielen deutschen Ritterheere, die jahrhundertelang nach Italien zogen, um die Ansprüche des jeweiligen deutschen Königs durchzusetzen; dass dies nur teilweise gelang, ist auch der Malaria zuzuschreiben. Die Stadt Rom konnte überhaupt nur im Winter belagert werden, in der Malariasaison von Juni bis September war jedes fremde Heer nicht nur einfach geschwächt, sondern lief Gefahr, völlig vernichtet zu werden. Prominente Malariaopfer waren die Könige Otto II., Heinrich III., Lothar III., Heinrich VI., Konrad IV., Heinrich VII. und Rainald von Dassel, der Kanzler Barbarossas. »Ich fürchte nur Gott und Italiens brennenden Himmel!«, soll einer der Könige ausgerufen haben.

Noch deutlicher zeigt sich der Einfluss des Fiebers bei den acht »deutschen« Päpsten. Deren Pontifikate waren nämlich merkwürdig kurz; zusammen brachten sie es auf knapp vierzehn Jahre, weshalb früher angenommen wurde, die bösen Italiener hätten die ungeliebten Hirten aus dem Norden allesamt vergiftet. Aber schon der erste der Reihe, Gregor V., starb nach nur dreijähriger Amtszeit im Jahre 999 am Sumpffieber. Den Höhepunkt erreichte das deutsche Papststreben aber im 11. Jahrhundert. Der Job in Rom wurde zum Himmelfahrtskommando: Von 1046 bis 1058 besetzten in Folge (!) nicht weniger als fünf Päpste aus Deutschland den Stuhl Petri und starben nacheinander an der Malaria. Erst fast fünfhundert Jahre später hat man es noch einmal mit einem Nordlicht probiert, dem Niederländer Hadrian VI. – Papst war er nicht ganz zwei Jahre. Woran starb er? Genau, an der Malaria (1523). Dem wieder ein halbes Jahrtausend später gewählten Benedikt XVI. aus Marktl am Inn wird dieses Schicksal erspart bleiben; der Heilige Vater wird sterben wie wir alle, aber höchstwahrscheinlich nicht an der Malaria, die in Europa verschwunden ist.

Bezeichnenderweise hat von den deutschen Königen nur einen die Malaria in Ruhe gelassen. Der war in Ancona geboren worden und hatte die erste Infektion schon als Kleinkind er- und überlebt; er besaß eine gewisse Immunität, ebenso seine sarazenischen Soldaten: Friedrich II., *stupor mundi*, »Das Staunen der Welt«. Aber Malaria konnte man sich nicht nur in Italien holen. Ein berühmtes Opfer, Albrecht Dürer, zog sie sich in den Niederlanden zu, er wurde nie mehr gesund und starb 1528. Acht Jahre vorher war Raffael mit nur siebenunddreißig Jahren der Malaria erlegen.

Es starben auch nach der Entdeckung der heilenden Chinarinde im 17. Jahrhundert noch viele Leute an Malaria, die sich das teure Mittel hätten beschaffen können: zum Beispiel Oliver Cromwell. Wie die meisten Protestanten lehnte er eine von den papistischen Jesuiten vertriebene Droge ab. Auch die angesehensten Ärzte der Zeit standen der Rinde feindlich gegenüber, weil die Wirkung nicht ihren verqueren theoretischen Vorstellungen von den Körpersäften entsprach. Der englische Arzt Robert Talbot vertrieb ein »Arcanum« (Wundermittel), mit dem er die Malaria heilen konnte – es bestand schlicht aus Chinarinde. Die allgemeine Skepsis wich erst, als so prominente Patienten wie der englische König Karl II. und der französische König Ludwig XIV. erfolgreich behandelt wurden.

1820 gelang es den französischen Pharmazeuten Pierre Pelletier und Joseph Caventou, den eigentlichen Wirkstoff Chinin aus der Rinde zu extrahieren und in reiner Form darzustellen. Die beiden hatten zuvor schon das Chlorophyll als grünen Pflanzenfarbstoff entdeckt und die Gifte Morphin, Strychnin und Brucin aus den jeweiligen Pflanzen isoliert. Die Rinde enthält bis zu 15 Prozent Wirkstoff. Das weiße Pulver ist in Wasser kaum löslich: Um 1 Gramm Chinin in Wasser zu lösen, braucht man fast 2 Liter, aber nur 0,8 Milliliter Alkohol. Deutlich besser wird die Wasserlöslichkeit, wenn man aus Chinin Salze herstellt. Vom Chinindihydrochlorid löst sich 1 Gramm schon in 0,6 Milliliter Wasser, was für die Einnahme als Tablette entscheidend ist. Aber das sind Spezialfragen der Anwendung – noch bis zur Mitte des 19. Jahrhunderts war das Hauptproblem: Woher überhaupt die Rinde nehmen? Die europäischen Kolonialmächte hatten erkannt, dass die Beherrschung ihrer tropischen Besitzungen von der Verfügbarkeit der Chinarinde abhing; hatte man keine oder zu wenig, konnte man die Sache, grob gesagt, vergessen. Für die Engländer stellte sich das Problem in Indien, für die Niederländer in Südostasien. Die Nachschublage bei der Rinde war prekär. Die Briten hatten sich ausgerechnet, dass zur Versorgung ihrer Truppen in Indien jedes Jahr 750 Tonnen der Fieberrinde nötig waren, für ganz Indien das Zehnfache. Man darf nicht vergessen, dass die vielen, die die Malaria überleben, chronisch krank und nicht leistungsfähig sind. Afrika stellte malariamäßig alle anderen Kontinente weit in den Schatten. In einigen Gebieten litten 60 Prozent aller Einwohner darunter, Westafrika galt über Jahrhunderte als »Grab des weißen Mannes«; es war für Europäer einfach nicht möglich gewesen, von den Küstensiedlungen entlang der großen Flüsse ins Landesinnere vorzudringen.

Man brauchte also von der »Rinde der Rinden« viele Tausend Tonnen. Diesem Massenbedarf stand eine völlig ungenügende Versorgung gegenüber. Die Rinde des Cinchona-Baumes wurde in den Hochlagen der Anden gesammelt. Die Bäume musste man suchen, sie standen weit auseinander; hatte man einen gefunden, wurde die Rinde komplett abgeschält, wodurch er unweigerlich einging. Durch die Rinde jedes Baumes verlaufen die Gefäße, über welche die Blätter mit Wasser und Nährstoffen versorgt und die Produkte der Photosynthese wieder nach unten transportiert werden – der Fieberrindenbaum macht da keine Ausnahme. Schon am Beginn des 19. Jahrhunderts war abzusehen, dass der extreme Raubbau zum Aussterben der Art führen musste. Auch die Qualität des Produktes ließ zu wünschen übrig: Es existierten Dutzende Rindenvarianten unbekannter Herkunft, die einzelnen Varietäten des Baumes schwankten im Wirkstoffgehalt, teilweise ging es bis auf null herunter, dazu kam, dass dieser Wirkstoff sich nach ein paar Jahren Lagerung sowieso abgebaut hatte.

Es musste etwas geschehen: Der britische Abenteurer Clement Markham unternahm von 1859 bis 1862 Expeditionen ins Andengebiet, um lebende Exemplare des Fieberrindenbaumes zu beschaffen, nach Indien zu exportieren und die Cinchona-Bäume dort in Plantagen anzubauen. Das gelang auch. Markham wollte die zur Vermeidung der Malaria nötige tägliche prophylaktische Dosis für einen Viertelpenny anbieten; dieselbe Dosis kostete als gesammelte peruanische Rinde einen Shilling, achtundvierzig Mal so viel. Dennoch war auch ein Viertelpenny für viele indische Kulis eine bedeutende Einbuße.

Die niederländische Regierung war schneller gewesen als die Briten: Schon 1852 hatte sie den aus Kassel gebürtigen Botaniker Justus Karl Haßkarl, der den botanischen Garten in Buitenzorg leitete, damit beauftragt, sich die Bäume in Südamerika zu besorgen. Buitenzorg (niederländisch für »sorglos«) liegt auf Java, heißt heute Bogor und ist die regenreichste Stadt der Insel. Die Peruaner hatten aber mitgekriegt, dass die Kolonialmächte versuchten, das Monopol auf die heilende Rinde zu brechen, und den Export der Samen und Pflanzen vorsorglich unter Todesstrafe gestellt. Genutzt hat es nichts. Haßkarl gelang die Verschickung einer Kiste mit Samen nach Holland, 1854 erreichte er sogar mit vierzig Baumschösslingen Java. Schon fünfzehn Jahre später gab es auf der Insel eine Million bester Chinarindenbäume.

Chinin wirkt nur in jenen Stadien auf den Malariaerreger, in denen er sich im Blutstrom ungeschlechtlich durch Zellteilung vermehrt; in ebenjene Teilung greift es massiv ein, es hemmt die Synthese der Erbsubstanz des Erregers, der Nukleinsäuren (DNA). Gegen jene Formen, die sich in die Leber zurückgezogen haben und dort Monate oder Jahre still verhalten, kann es nichts ausrichten, also auch keine neue Invasion aus der Leber verhindern. Wer also eine tägliche Dosis des Mittels zu sich nimmt, kann nur die explosive Vermehrung des Parasiten und schwere Leberschäden verhindern – mit leichten muss er leben. Gesundheit ist etwas anderes. Außerdem geht die tägliche Einnahme mit einer ermüdend langen Reihe von Nebenwirkungen einher, deren Aufzählung ich mir erspare. Dennoch hat es nicht an Anstrengungen gefehlt, Chinin im Labor herzustellen, um von der Rinde unabhängig zu werden, ein früher und bedeutsamer Versuch wird im Anilin-Kapitel geschildert.

Die Totalsynthese des Chinins gelang erst 1944, da gab es längst andere Mittel, allesamt zuerst in Deutschland hergestellt.

Das erste war 1926 *Plasmochin*, 1930 kam das deutlich wirksamere *Atebrin*, bei den IG-Farben unter 12 000 Substanzen als Malariamittel ausgewählt. Dennoch spielte es im Zweiten Weltkrieg auf deutscher Seite keine Rolle, weil man hier inzwischen das noch wirksamere *Sontochin* eingeführt hatte. Die Alliierten verwendeten das Atebrin allerdings unter dem Namen *Quinacrine* im Riesenmaßstab bei ihrer Kriegführung im Pazifik, es war ihre wichtigste Waffe gegen die Malaria – Krieg ohne Malariamittel wäre gar nicht möglich gewesen.

Das nächste deutsche Mittel, *Chloroquin*, wurde sofort nachgeahmt, stand aber erst 1944 in großen Mengen zur Verfügung:

Chloroquin (2)

Man erkennt gewisse Ähnlichkeiten mit der Chinin-Formel (1), der rechte obere Teil mit der komplizierten käfigartigen Struktur ist vereinfacht worden, geblieben ist das Doppelsechseck mit dem eingebauten Stickstoff, das so genannte Chinolin. Runge fand es schon 1834 im Steinkohlenteer, den Namen hat es aber wieder vom Chinin, aus dem man es durch Destillation mit scharfen Alkalien erhält.

Chinolin (3)

Viele moderne Malariamittel haben diese Chinolin-Struktur immer noch als Baustein des Moleküls, daneben gibt es andere mit völlig anderem Aufbau. Gründe für die Entwicklung immer neuer Malariamittel gibt es zwei: Nebenwirkungen und Resistenzen. Wer heute in Malariagebiete reist, muss vorbeugend verschiedene Wirkstoffkombinationen einnehmen und das beachten, was die Mediziner mit dem schönen Wort *Expositionsprophylaxe* bezeichnen: Man soll schauen, sich nicht der Mücke zu exponieren, also lange Ärmel, Mückennetz und so weiter. Die beste Expositionsprophylaxe wäre natürlich, gar nicht in solche Gegenden zu fahren. Um sich anzustecken, scheint es, ist das auch gar nicht nötig, wird sich doch die Malaria mit der Klimaerwärmung sowieso in nördliche Gefilde ausbreiten, wie manche Wissenschaftler befürchten. Ach ja? Wenn es die Mücke warm braucht, ist allerdings nicht ganz verständlich, warum sich im eiskalten 18. Jahrhundert, als die »Kleine Eiszeit« noch voll im Schwange war, der arme Friedrich Schiller mit Malaria angesteckt hat – in Mannheim! Es hieß damals Wechselfieber, losgeworden ist er sie nie mehr, die Widerstandskraft gegen sein Lungenleiden muss die Malaria stark reduziert haben, wobei es keine Rolle spielte, dass die Krankheit nicht Malaria, sondern Wechselfieber hieß. Mannheim galt schon lange als fieberverseucht. Zwanzig Jahre vorher hatte Mannheim unter einer Wechselfieberepidemie gelitten, von 1228 erkrankten Soldaten waren 14 gestorben, wie der Garnisonsarzt Friedrich Casimir

Medicus berichtete. Von Mücken schrieb er nichts, vermutete die Ursache in den fauligen »Miasmen«, die aus den zum Sumpf eingetrockneten Stadtgräben aufstiegen. Die relativ geringe Todesrate führte er ganz richtig auf die Chinarinden-Behandlung zurück; in der Chinarinde vermutete er, ebenfalls korrekt, ein »Specificum« gegen das Fieber. Die meisten Zeitgenossen sind ihm darin nicht gefolgt.

Dass Deutschland heute nicht mehr unter der Malaria leidet, liegt an den umfangreichen Meliorationen der folgenden Jahrhunderte – an ebenjenem Verschwinden naturnaher Feuchtgebiete, das von den Naturschützern seit Jahrzehnten beklagt wird. Die Mücke braucht kein wärmeres Klima, sondern stehende Gewässer. Hier wird man abzuwägen haben.

Resistenzen: Das Mittel Chloroquin wirkt nach gegenwärtiger tropenmedizinischer Kenntnis überhaupt nur noch in Mittelamerika und auf der Insel Hispaniola (Haiti, Dominikanische Republik) – in allen anderen Malariagebieten der Erde sind die Erreger immun geworden. Dort kommen andere Mittel zum Einsatz, zum Beispiel das aus der Pflanze *Einjähriger Beifuß* extrahierte *Artemisinin*. Und Chinin? Das erlebt als Malariamittel eine Renaissance und wird eben wegen der Resistenzen in Kombination mit anderen Mitteln eingesetzt. Der Mitteleuropäer wird der Substanz aber nur im Tonic Water und Bitter Lemon begegnen, wenn er nicht gerade in den Süden fährt. Wegen der Nebenwirkungen ist der Chiningehalt heute begrenzt, früher lag er viel höher und konnte, wenn das Wasser regelmäßig konsumiert wurde, der Malaria vorbeugen.

Könnte man nicht impfen? Die Impfung gegen Malaria wäre die erste gegen einen Parasiten. Seit achtundzwanzig Jahren wird vom Pharmariesen GlaxoSmithKline an einem Impfstoff geforscht – sie ist die einzige Firma, die auf diesem Gebiet tätig ist. Der Grund ist einfach: Mit einer Malariaimpfung lässt sich kein Geld verdienen. Es ist eine Arme-Leute-Krankheit, es besteht überhaupt keine Chance, von den Bewohnern der Malaria-Endemie-Gebiete irgendwie die Entwicklungskosten hereinzubringen. Man wird den Impfstoff, so er wirklich um 2015 verfügbar ist, mehr oder weniger herschenken müssen. Die Gesamtkosten werden auf 400 Millionen Dollar geschätzt, Bill Gates hat 200 Millionen zugeschossen. Eine, wenn man so will, sehr teure Imagekampagne für die pharmazeutische Industrie.

Die Erreger, die man im 3300 Jahre alten Leichnam von Tutanch-Amun gefunden hat, werden uns aber noch lange begleiten. Und mit ihnen das erste »Specificum« dagegen: Chinin.

Penicillin

Während ich dies schreibe, tobt in meinem Organismus ein Kampf. Bakterien, die sich in meinen Mandeln eingenistet haben, wehren sich gegen ein Gift; es ist die Waffe eines uralten Gegners, eine Substanz, die sie in ihrer Existenz bedroht, weil es sie an der bakterientypischen Vermehrung hindert, der Zellteilung. Die Waffe stammt nicht von mir, nicht meine eigenen Zellen haben sie hergestellt – als dieses Gift entstand, gab es so etwas wie menschliche Zellen noch gar nicht, es gab auch keine höher entwickelten Tiere oder Pflanzen, nur Bakterien. Und Pilze. Die Epoche liegt viele Jahrmillionen zurück, als die Erde buchstäblich wüst und leer war.

Die Substanz heißt *Penicillin* nach dem Pilz, in dem sie entdeckt wurde, *Penicillium notatum*. Heute heißt er *Penicillium chrysogenum*. Das lateinische *Penicillium* bedeutet Pinselchen, weil sich die Fäden dieses Pilzes pinselförmig teilen, er gehört zu den sogenannten Pinselschimmeln. *Notatum* heißt »zur Kenntnis genommen«, »notiert« – eine treffende Bezeichnung, die Menschheit hatte allen Grund, diesen Schimmelpilz zur Kenntnis zu nehmen. Wagen wir einen Blick auf die Formel des Penicillins:

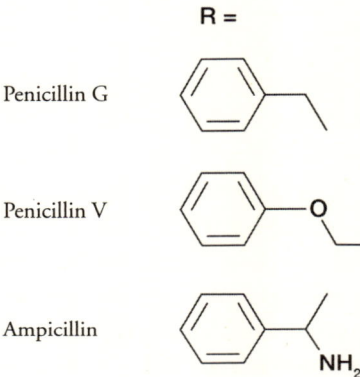

R =

Penicillin G

Penicillin V

Ampicillin

NH$_2$

Der Anblick dieser Formeln ist ein weiterer Grund für die geringe Beliebtheit der Chemie bei Schülern und Studenten, die damit als Nebenfach konfrontiert werden. Vergleicht man etwa die Übersichtsformel im »Benzin«-Kapitel, die so geordnete (wenn auch langweilige) Kohlenstoffkette mit den drangehängten Wasserstoffatomen, dann stellt sich hier die Frage: Wer hat sich diesen komplizierten Wirrwarr ausgedacht? Der Mensch ist unschuldig, ich hatte es erwähnt, die Formel existierte lange, bevor Menschen auf Erden wandelten; und ausgedacht ist auch das falsche Wort; das Ding ist Ergebnis der chemischen Evolution, der Erfinder also die Natur selber.

Wir erkennen bei näherem Hinschauen einen Ring mit fünf Ecken, drangeklebt einen zweiten mit vier Ecken. Wie immer gilt: Wenn die Ecken nicht näher bezeichnet sind, steht dort ein Kohlenstoffatom. Was kommt sonst noch vor: N für Stickstoffatome (*Nitrogenium*), O für Sauerstoff (*Oxygenium*) und S (das ist leicht) für Schwefel (*Sulfur*). Die Natur hat sich sozusagen bei der Synthese nicht in geistige Unkosten gestürzt, sondern einfach zwei weithin verfügbare Aminosäuren, nämlich *Valin* und *Cystein*, zusammengebastelt – und schon war die Grundstruktur des Penicillins fertig. Das ganze von den Ringen nach allen Seiten abstehende Zeug, diese Methylgruppen (-CH$_3$), die Säuregruppe (-COOH rechts unten), war schon in den Ausgangssubstanzen vorhanden. Das Vorkommen von Aminosäuren kann nicht überraschen: Es gibt zweiundzwanzig verschiedene Aminosäuren, aus denen sich die Proteine aufbauen – und Proteine sind gleichsam der Stoff des Lebendigen an sich, sein Fleisch und Blut. Aufbauen ist auch ein großes Wort, das zu falschen Vorstellungen führt. Jedes dieser Moleküle verfügt über zwei reaktive Gruppen, eine Säuregruppe -COOH und eine Aminogruppe -NH$_2$. Aufbau heißt jetzt nur: Die Säuregruppe der einen Aminosäure reagiert mit der Aminogruppe der anderen, sodass ein Gebilde dieser Struktur entsteht: -CO-NH-. Ein Sauerstoffatom und zwei Wasserstoffatome sind dabei offensichtlich ausgeschlossen worden. In Form von – richtig! – Wasser: H$_2$O. Auf einem Planeten, dessen Oberfläche zu 70 Prozent von einem durchschnittlich 3700 Meter tiefen Wasserozean bedeckt ist, darf es nicht verwundern, dass die elementaren Reaktionen alle irgendwie mit Wasser zu tun haben: Sie spielen sich in »wässriger« Umgebung ab, spalten Wasser ab oder lagern welches an; Wasser gilt Planetenforschern nicht umsonst als Grundbedingung für Leben. Leben auf ganz anderer Grundlage, über das in der Science-Fiction schon immer munter spekuliert wurde, darf man getrost vergessen; die Chemie und die vorhandene Zeit beschränkt die Evolution aufs wässrige Milieu.

Cystein und Valin reagieren nicht auf die übliche Art miteinander, sondern ein bisschen komplizierter, was uns hier nicht zu interessieren braucht. Das Ergebnis ist ein beeindruckendes Ringsystem mit ganz spezieller Wirkung auf den Stoffwechsel von Bakterien. Die sind von einer speziellen Schutzhülle aus *Peptidoglycanen* umgeben, eine Art Kompositwerkstoff aus modifizierten Zuckern und kurzen Aminosäurenketten; man kann das in etwa mit glasfaserverstärktem Kunststoff für Bootskörper vergleichen (oder mit der Trabi-Karosserie …) Diese Hülle muss ziemlich stabil sein, weil im Inneren des Bakteriums ein osmotischer Druck herrscht – der kommt dadurch zustande, dass kleine Moleküle wie Wasser in beide Richtungen durch die Hülle wandern können, größere aber nicht. Da alles in der Natur auf einen Zustand niedrigster Energie zustrebt, im Inneren der Bakterienzelle aber ein ziemliches Gedränge an großen Molekülen herrscht, strömt von außen Wasser zu, um den dicken Inhalt zu verdünnen, dadurch steigt im Inneren der Druck. In der uns sichtbaren Welt kann man an reifen Kirschen sehen, was passiert, wenn eine Hülle den osmotischen Druck dabei nicht aushält: Regnet es auf reife Kirschen, dann dringt so viel Wasser ins Innere, um die Zuckerlösung im Inneren zu verdünnen, dass die Schale der Frucht platzen kann!

Das ist alles schön und gut, die Peptidoglycane halten den Druck problemlos aus, ein Problem entsteht nur, wenn das Bakterium sich vermehrt. Dazu muss es sich teilen. Dazu wiederum ist es nötig, die schöne Hülle aufzumachen und zu erweitern. Das Bakterium verwendet dazu bestimmte Enzyme. Im Prinzip sind das Eiweißklumpen aus vielen hundert Aminosäuren, *funktional* darf man sich aber durchaus Spezialwerkzeuge vorstellen, Schraubenzieher zum Beispiel. Mit einem ganz bestimmten dieser Enzyme reagiert nun unser Penicillin: Es öffnet den Viererring (den linken in der Formel) und heftet sich an entscheidender Stelle an das Enzym. Und zwar irreversibel. Das ist etwa so, als hätte man einen Kreuzschlitz-Schraubenzieher vorne mit schnell härtendem Kunstharz beschmiert – das Werkzeug wird dadurch wertlos. Penicillin wirkt also nur, wenn Bakterien sich teilen (wie eben grade die in meinen Mandeln): Ein wichtiges Werkzeug fällt aus, die Zellwand ist aber schon offen und kann nicht mehr geschlossen werden. Man kann sich das als tödliche Wunde vorstellen. Das Bakterium stirbt ab. Auf Bakterien, die sich nicht teilen, hat Penicillin keinen Einfluss.

Den Bakterien war diese vermaledeite Substanz schon länger negativ aufgefallen, eine Milliarde Jahre vielleicht, sodass schon zu einer Zeit, als kein Biologielaie auf der wüsten Erde irgendetwas Lebendiges entdeckt hätte, die chemische Evolution die Bakterien mit einer heute noch wirksamen Waffe zur Verteidigung ausstattete: den *Beta-Lactamasen*. Der entscheidende Bauteil beim Penicillin ist nämlich der Viererring, der chemisch auch *Betalactamring* genannt wird. Ein Lactam ist ein *inneres* Peptid, das heißt, die Säuregruppe einer Aminosäure reagiert nicht mit der Aminogruppe einer anderen Aminosäure, sondern mit der eigenen, die dazu ein bisschen weiter hinten stehen muss als üblich, man nennt das Beta-Stellung. Das ist wie bei der mythischen Schlange »Ouroboros«, die sich in den Schwanz beißt – damit das überhaupt geht, braucht die Schlange eine Mindestlänge; wenn die Schwanzspitze schon am Kopf ansetzt, kriegt die Schlange keinen Ring zusammen.

Bakterien besitzen nun Enzyme, die diesen Viererring aufspalten, bevor er dem eigenen Hüllenbauenzym gefährlich werden kann. Das Zerstörungs-Tool selber wird kaputt gemacht. Genau das scheint momentan in meinen Mandeln zu passieren: Nach den ersten zehn Gramm »Penicillin V« ging die Entzündung zurück, aber trotz weiterer Einnahme meldete sie sich wieder, die Bakterien, die ich mir da aufgelesen habe, sind gegen diesen Typ Penicillin resistent. Ich muss mir was anderes überlegen …

Zwischenfrage: Was gehen uns Menschen eigentlich diese mikrobiologischen Händel an? Schließlich sind wir weder Bakterien noch Pilze. Genau: Wir sind nur biochemische Trittbrettfahrer, Nutznießer einer chemischen Kriegsführung der Pilze, die uns selber nicht schaden kann. Wären wir mit Bakterien näher verwandt, könnten wir kein Penicillin gebrauchen, es wäre giftig für uns. Aber unsere eigenen Zellwände sind ganz anders aufgebaut als die der Bakterien, die Blockierung des Mauerbauenzyms stört uns nicht. Dass Penicilline aufgrund anderer Interaktionen mit dem menschlichen Organismus zu Problemen führen können, sei nicht verschwiegen, da gibt es alles Mögliche, von der schlichten Gift- wirkung bis zur Auslösung von Allergien. Der Boom der Natur- heilverfahren ist auch vor diesem Hintergrund zu sehen. In be- stimmten Kreisen hat sich der Name Penicillin sogar zu einem Synonym für »Chemiegift« gewandelt. Dieser merkwürdige Mei- nungsumschwung innerhalb weniger Jahrzehnte ist allerdings vor dem historischen Hintergrund zu sehen, dass in ebendiesen Jahr- zehnten Infektionskrankheiten ihre Schrecken verloren haben, wie man das oft lesen kann. Gemeint ist: Es gibt sie nach wie vor, aber man stirbt nicht mehr so oft dran; man nimmt ein paar Tab- letten und es ist gut. Das stimmt ja auch sehr oft.

Der Mensch neigt zur Verdrängung unangenehmer Tatsachen – eine der unangenehmsten war sicher die hohe Sterblichkeit durch Bakterien bis ins 20. Jahrhundert hinein. Man sieht das leicht an den Todesursachen historischer Persönlichkeiten. Nehmen wir nur die merkwürdige Häufung des Satzes »starb in geistiger Umnach- tung« in Biografien. Was war das? Alzheimer? Dazu waren die in aller Regel viel zu jung – nein, es war eine Spätfolge der Syphilis. Nur ein Beispiel: der Komponist Gaetano Donizetti. Bei Hein- rich Heine schlug die Syphilis nicht aufs Hirn, sondern aufs Rü- ckenmark. Ausgelöst war beides durch eine Mikrobe. Eine andere, *pasteurella pestis*, hat im 14. Jahrhundert ein Drittel der europäi- schen Bevölkerung ausgelöscht. Man starb auch außerhalb von Seuchenzügen an Krankheiten, deren Spätstadien auch heutige Mediziner vor diagnostische Probleme stellen würden, weil sie die in ihrer Ausbildung buchstäblich nie gesehen haben! Soll heißen: Heute lässt man es gar nicht zu einem Spätstadium kommen; es wird das geeignete Antibiotikum verabreicht – und fertig. Beispiel: Wolfgang Amadeé Mozart. Der wurde nicht durch Salieri vergif- tet, sondern starb am rheumatischen Fieber mit Symptomen, die man heute nicht mehr zulässt. Eine einzige Penicillinspritze hätte ihn von der Kante zurückgerissen … Gegenprobe: Welcher berühmte Mensch starb damals an Krebs? Da gibt es auch welche, aber spontan fällt mir nur die englische Königin Maria I. Tudor ein, die Tochter Heinrichs VIII. Sie starb 1558 an Eierstockkrebs.

Der Tod durch Infektionen war alltäglich, jeder Krieg forderte bis ins späte 19. Jahrhundert das Vielfache an Todesopfern durch Infektionskrankheiten als durch militärische Einwirkung.

Wer hat das Penicillin entdeckt? Der Schotte Alexander Fleming. Er selbst verwendete die Vokabel »Entdeckung« nur ungern. In einer Rede in Paris sagte er 1945, »… ich wurde bezichtigt, das Penicillin erfunden zu haben. Erfinden ließ sich das Penicillin von keinem Menschen, denn es wurde vor urdenklichen Zeiten von einem gewissen Schimmelpilz hervorgebracht …« Schottisches Understatement. Darauf ist vielleicht auch zurückzuführen, dass Penicillin für jeden, der je davon gehört hat, als Inbegriff einer Zufallsentdeckung gilt – es ist eine der großen Anekdoten des 20. Jahrhunderts und ihr Protagonist sieht dabei nicht gut aus. Die Geschichte ist so populär, dass sie es in zahllose Bearbeitungen geschafft hat. Ich erinnere mich an ein Jugendbuch meiner Kindheit: Dort wurde berichtet, Fleming habe die berühmten Petrischalen mit den Bakterienkulturen am offenen Fenster(!) stehen lassen, worauf sich flugs eine Pilzspore von *Penicillium notatum* darauf niedergelassen habe. Andere Quellen behaupten, Fleming habe die Kulturen in der Spüle vergessen, die heute kanonische Form der Geschichte spricht davon, dass Fleming eine Agarplatte mit Bakterien beimpft hat und danach in Urlaub gefahren ist. Als er am 28. September 1928 zurückkehrte, stellte er fest, dass sich auf der Bakterienkultur ein Schimmelrasen gebildet hatte. Im Bereich des Pilzes waren die darunterliegenden Bakterien abgestorben: Fleming hat das erkannt und nicht bei Ansichtigwerden des Schimmelflecks leise geflucht und die Schale ausgewaschen – wie wir das tun würden, wenn wir Schimmel sähen …

Aus den Erzählungen lässt sich vielleicht doch der Gesamteindruck destillieren, dass die Zustände in Flemings Labor im St. Marys Hospital in London ein wenig chaotisch waren. Auch die harmloseste Variante mit dem Urlaub lässt sich hinterfragen: Bakterien wachsen, wie wir alle aus leidvoller Erfahrung wissen, so schnell, dass sie keinen ganzen Urlaub brauchen, um sich zu voller Pracht zu entwickeln – die Anlage der Kulturen vor seiner Abreise folgte also keinem Plan (»... wenn ich am 28. zurückkomme, müssten sie so weit sein ...«), sondern er hatte diese Kulturen angelegt und schlicht vergessen. Das kann vorkommen. Fleming hat in jenen Jahren wahrscheinlich Hunderte solcher Kulturen angelegt; die Erforschung gefährlicher Eitererreger war Forschungsschwerpunkt am St. Marys. Jemand anderer hätte nach der Entdeckung vielleicht eine Geschichte konstruiert (»... im Sommer '28 kam ich auf die Idee, es einmal mit Pilzen zu versuchen ...«), aber so jemand war Alexander Fleming nicht, seine Bescheidenheit, sein nüchterner Wirklichkeitssinn standen jeder Eigenmythologisierung entgegen.

Ja, verehrte Leserin, lieber Leser, die größte Entdeckung der Medizingeschichte ist erfolgt, weil Fleming eine Bakterienkultur verschusselt hat. Und hätte er das nicht getan, würden heute nicht alle von uns putzmunter durchs Leben spazieren. Weil den einen oder die andere irgendeine der allseits beliebten Infektionskrankheiten hinweggerafft hätte. Oder eine Infektion ohne Krankheit. Bezeichnenderweise war der erste Patient, der mit Penicillin behandelt wurde, ein Londoner Polizist, der sich beim Rasieren geschnitten und eine Blutvergiftung zugezogen hatte. Nach fünf Tagen war das Fieber weg. Und das Penicillin aufgebraucht. Der Mann starb einen Monat später. Das war 1941, dreizehn Jahre nach Flemings Entdeckung, die zunächst kein Interesse geweckt hatte. Erst der Zweite Weltkrieg änderte alles: Die in Deutschland entwickelten *Sulfonamide* standen nicht mehr ohne Weiteres zur Verfügung, zur Wundversorgung brauchte man aber ein wirksames Mittel. 1938 untersuchten der australische Pathologe Howard Florey und der aus Deutschland emigrierte Chemiker Ernst Chain systematisch alle Substanzen, die sich irgendwann gegen Bakterien als wirksam erwiesen hatten. Dabei stießen sie auch auf *Lysozym*, eine Entdeckung Flemings aus dem Jahr 1921 – er hatte diesen Wirkstoff im Nasenschleim und im Speichel gefunden und festgestellt, dass Lysozym massiv gegen Bakterien wirksam war. Allerdings nur gegen harmlose, gegen pathogene Keime versagte es völlig.

Penicillin war da schon ein anderes Kaliber: Es wirkte gegen pathogene Keime, ließ die weißen Blutkörperchen, die Hauptabwehr des Körpers gegen Infektionen, aber in Ruhe, was Fleming schon in seiner Veröffentlichung beschrieben hatte. Es war ja nicht so, dass man in den Zwanzigerjahren des letzten Jahrhunderts nichts gegen Bakterien gehabt hätte: *Phenol*, damals noch »Karbolsäure« genannt, war ein wirksames bakterizides Mittel; jedes Krankenhaus stank geradezu danach, weil es reichlich zur Desinfektion verwendet wurde. Leider verbot sich seine Anwendung im Körper des Patienten: Phenol ist sehr giftig.

Fleming hatte die bakterientötende Substanz, die er Penicillin nannte, nicht isoliert, das heißt, aus der Pilzkultur nicht als reinen Stoff gewonnen. Das war der erste Schritt einer intensiven Forschungstätigkeit, an der sich neben Engländern auch ganze Heerscharen amerikanischer Chemiker und Biologen beteiligten. Schon die Isolierung der Substanz war eine aufreibende und komplizierte Angelegenheit, erst recht ihre Strukturaufklärung. Die war nötig, weil man natürlich hoffte, einen Syntheseweg zu finden, der einfacher zu beschreiten war, als Nährlösung in keimfrei gemachten großvolumigen Edelstahlbehältern mit *Penicillium chrysogenum* »verschimmeln« zu lassen und nachher das Produkt mühselig aus der Pilzbrühe zu extrahieren. Aus dem Traum wurde nichts. Penicillin wird nach wie vor biotechnologisch hergestellt. Das ist viel billiger. Es gibt heute allerdings zahlreiche halbsynthetische Formen, in denen an das Naturpenicillin andere Seitenketten angefügt sind. Dazu lässt man den Pilz das »Urpenicillin« (Penicillin G) erzeugen, spaltet mit speziellen Enzymen den linken oberen Rest in der Eingangsformel ab und hängt dann wieder andere Seitenketten an. Der Grund für diese umständliche Vorgehensweise liegt in der Struktur des Moleküls. Sieht man genauer hin, bemerkt man nämlich, dass drei Kohlenstoffatome in den Ringen eine Besonderheit zeigen: Die beiden oberen Ecken des Quadrats und die unterste Spitze des Fünfecks. An jedem der drei hängen je vier verschiedene »Reste« – der Unterschied wird deutlich, wenn man das mit dem Kohlenstoffatom vergleicht, das im Fünfer-Ring am weitesten rechts steht; an dem hängen zwei Methylgruppen ($-CH_3$), also nicht vier verschiedene Reste, sondern nur drei: Die beiden Methylgruppen sind nicht voneinander »verschieden«! Was hat es damit auf sich? Wenn in einem Molekül an einem Kohlenstoffatom vier verschiedene Reste hängen, dann gibt es davon zwei Formen, die sich zueinander verhalten wie Bild und Spiegelbild. Man spricht von *Chiralität*, wörtlich »Händigkeit«, weil die geometrischen Verhältnisse genau so sind wie bei rechter und linker Hand. Bei Molekülen, die in der Natur vorkommen, ist in den meisten Fällen *eine* dieser beiden Formen bevorzugt; Probleme entstehen, wenn die *andere* Form dem Organismus zugefügt wird; die Moleküle, die mit der Form regieren sollen, sind nur für die eine Form geeignet, sie passen so, wie zum Beispiel ein linker Handschuh nur auf eine linke Hand passt. Beim falschen Handschuh ist das nicht weiter tragisch, in der Biochemie aber fatal, wenn die falsche Hand mit dem richtigen Handschuh »reagieren« soll. Im harmlosesten Fall passiert – nix: Der Handschuh wird halt nicht angezogen, in ernsteren Fällen ergeben sich daraus biochemische Verwicklungen, die zu einem Schaden für den Organismus führen.

Das bekannteste Beispiel einer *optisch aktiven* Verbindung dürfte die berühmte Milchsäure im Joghurt sein:

D-Milchsäure   L-Milchsäure

Auch sie hat ein sogenanntes asymmetrisches Kohlenstoffatom, eben eines, an dem vier verschiedene Reste hängen: eine H_3C-Gruppe (Methylgruppe), eine OH-Gruppe (Hydroxylgruppe), eine COOH-Gruppe (Säuregruppe) – und ein Wasserstoffatom, das der Übersichtlichkeit halber in der Zeichnung weggelassen ist. Die durchgezogenen Linien sind die Bindungen zwischen den Atomen, sie liegen sozusagen »flach« in der Papierebene des Buches, die gestrichelte Bindung zur OH-Gruppe im linken Bild geht schräg nach unten »ins Papier hinein«, die fett gezeichnete Linie im rechten Bild ragt ebenfalls schräg nach unten – aber »aus dem Papier heraus«. Die beiden Moleküle sind Spiegelbilder. In verschiedenen Organen und im Fleischsaft kommt nur die rechts gezeichnete Form vor, die L-Milchsäure, sie heißt deshalb auch »Fleischmilchsäure«. Bei der Vergärung von Milch zur Joghurtherstellung entsteht ein Gemisch von D- und L-Form, das Gemisch nennt man »Gärungsmilchsäure«. Durch die intensive Joghurtreklame der vergangenen Jahrzehnte sind »linksdrehend« und »rechtsdrehend« in den Sprachschatz der Allgemeinheit übergegangen, wobei sich kaum ein Konsument im Klaren darüber ist, was da eigentlich gedreht wird: die Ebene des polarisierten Lichtes, wenn man dieses Licht durch eine Probe der Milchsäure hindurchschickt. Was bedeutet links- und rechtsdrehend für die Joghurtesserin? Überhaupt nichts! Die Begriffe beziehen sich auf eine Labormethode zur Unterscheidung der beiden Formen, der normale Verbraucher kann das Ganze getrost vergessen, bei ihm wird nichts gedreht. *Polarisation* ist ein Begriff aus der Physik des Lichtes, mit dessen bildhafter Erklärung man jetzt Zeilen schinden könnte, was aber vom Wesentlichen wegführen würde: Polarisiertes Licht reagiert auf geometrische Unterschiede im Bauplan der Moleküle; um die Chemie zu erklären, ist diese »Drehung« ein unglücklich gewählter Begriff.

Tatsache ist, dass die L-Form vom Körper leichter abgebaut wird als die D-Form. Ob sie nun deswegen gleich als »gesünder« zu bezeichnen ist, darf hinterfragt werden – vor allem im Lande der Sauerkrautesser, die seit Jahrhunderten mit jedem Gramm »L« dieselbe Menge »D« aufgenommen haben: Auch das saure Kraut verdankt seine Säure der Milchsäuregärung, bei der, wie erwähnt, die beiden Formen im Verhältnis 1:1 entstehen …

Wie dem auch sei, beim Penicillin ist die Sache leider sehr klar. Es hat nicht 1 asymmetrisches Atom im Molekül, sondern 3. Infolgedessen gibt es davon nicht 2 verschiedene Formen, sondern 2 mal 2 mal 2 = 8! Der *penicillium*-Schimmelpilz stellt von diesen 8 wohlweislich nur eine einzige Form her, nämlich die eingangs abgebildete. Weil die anderen 7 gegen Bakterien komplett unwirksam sind! Wenn ich also mit Labormethoden nur die eine wirksame Form herstellen will (man spricht dann von stereoselektiver Synthese), wäre das Ganze so aufwendig und das Endprodukt so teuer, dass man es nicht einmal mit Gold aufwiegen könnte. Es ist also besser, dem Pilz die Arbeit zu überlassen, der die richtige Form ganz von selber erzeugt!

In den Vierzigerjahren steigerten die USA die Penicillinproduktion unter den Bedingungen der Kriegswirtschaft innerhalb kurzer Zeit auf solche Höhen, dass sie ihr gesamtes Militärpersonal ausreichend mit dem lebensrettenden Wirkstoff versorgen konnten. Für Zivilpersonen gab es auch lange nach dem Zweiten Weltkrieg immer noch zu wenig Penicillin; der Schwarzhandel mit der Substanz war in Europa weit verbreitet. Der Film »Der dritte Mann« spielt vor diesem Hintergrund.

Im Dezember 1945 erhielten Fleming, Florey und Chain zusammen den Nobelpreis für Medizin (jeder ein Drittel). Zu jener Zeit, als an eine allgemeine Verfügbarkeit noch gar nicht zu denken war, machte Fleming in seiner Nobelpreisrede in geradezu prophetischer Weise auf eine bestimmte Gefahr aufmerksam:

»Es mag die Zeit kommen, da Penicillin von jedermann im Laden gekauft werden kann. Dann wird es aber auch die Gefahr geben, dass der unwissende Jedermann leicht unterdosiert, seine Mikroben einer nicht tödlichen Dosis aussetzt – und sie resistent macht. Hier ein hypothetisches Beispiel: Mr. X hat einen rauen Hals. Er kauft ein bisschen Penicillin, behandelt sich selbst, nimmt aber nicht genug, die Streptokokken abzutöten, aber genug, um ihnen gleichsam beizubringen, wie sie dem Penicillin widerstehen können. Dann steckt er seine Frau an. Mrs. X kriegt eine Lungenentzündung und wird mit Penicillin behandelt. Weil die Streptokokken jetzt resistent gegen Penicillin sind, schlägt die Behandlung fehl. Mrs. X stirbt. Wer ist jetzt im Grunde verantwortlich für den Tod von Mrs. X? Nun, Mr. X, dessen nachlässiger Gebrauch von Penicillin die Natur der Mikrobe verändert hat. Die Moral der Geschichte: Wenn du Penicillin nimmst, nimm genug!«

Wie wahr, Sir Alexander!

Dabei konnte er nur die normale Verbraucherdummheit ansprechen, noch nicht die viel größere Dummheit, Antibiotika als Masthilfsmittel in der Tierzucht einzusetzen! Die Rede Flemings ist im Internet nachzulesen und ein Musterbeispiel klarer angelsächsischer Wissenschaftsprosa, das heißt, auch für den interessierten Laien verständlich.

Woher die Bakterien in meinen Mandeln ihre Resistenz haben, weiß ich nicht, jedenfalls waren sie auch nach Einnahme von (dreißig!) Gramm »Penicillin V« noch nicht niedergekämpft – das gelang erst einem anderen Antibiotikum, das nicht der Penicillin-Familie angehört. Glück gehabt, oder?

Was wäre denn, wenn … Den Satz kann jeder selber zu Ende denken. Es ist beunruhigend, hier, mitten im reichen Westen, mit der relativen Unwirksamkeit von Substanzen konfrontiert zu sein, die konstitutiver für die Zeit sind als alles andere: Denn was ist die Moderne? Die Epoche, in der Gesichter gleichzeitig von vorn und von der Seite gemalt werden? In der achthundert Meter hohe Häuser gebaut werden? In der alle blaue Hosen anhaben und eine braune Limonade trinken? – Alles schön und gut. Aber eher ist die Moderne doch die Epoche, in der man nicht mehr an einem rostigen Nagel stirbt. Oder weil man sich beim Rasieren geschnitten hat. Oder an Diphtherie. Oder Schwindsucht. Wenigstens bis jetzt war das so.

Es darf sich nun im Lichte dessen jeder überlegen, was dann unter Postmoderne zu verstehen wäre …

Alkohol

C_2H_5OH dürfte nach H_2O (Wasser) die bekannteste Summenformel der Chemie sein. Alkohol also, oder Äthanol. Eine recht einfache Sache: eine kurze Kette aus zwei Kohlenstoffatomen (C), rundum garniert mit Wasserstoffatomen, nur rechts hat sich ein Sauerstoffatom (O) dazwischengeschoben, das ist schon der ganze Alkohol. Ohne den Sauerstoff heißt das Molekül Äthan, mit Sauerstoff Äthan*ol*. Diese Endung -ol kennzeichnet in der Chemie ganz allgemein die Alkohole; verwirrenderweise wird sie auch noch für andere Strukturelemente gebraucht, was uns hier aber nicht zu beunruhigen braucht.

```
      H   H
      |   |
  H — C — C — O — H
      |   |
      H   H
```

Das -ol war ursprünglich ein -ul in der Bezeichnung *al quhul*, arabisch für »das Feine«. Viele Zeitgenossen werden bezeugen, dass Alkohol etwas Feines ist, gemeint ist hier aber fein in Form von feinem Pulver, nämlich das Metall Antimon, fein gepulvert zur Verschönerung der Augen. Später ging das Wort in die Sprache der Alchimisten über und bezeichnete das Ergebnis einer Destillation; erst der berühmte Theophrastus Bombastus von Hohenheim, genannt Paracelsus, verwendete *alcool vini* im Sinne des heutigen Sprachgebrauchs als Produkt einer ganz bestimmten Destillation, nämlich der des Weines. Das war jetzt eindeutig kein Pulver mehr, sondern flüssig.

Das eine Sauerstoffatom macht einen großen Unterschied zum Äthan. Das ist bei Raumtemperatur ein Gas, erst bei minus 88 Grad wird es flüssig, Alkohol dagegen ist bei Raumtemperatur bekanntlich flüssig, erst bei plus 78 Grad fängt er an zu sieden, ein Unterschied im Siedepunkt von 166 Grad, alles nur wegen des einen Sauerstoffs? – Ja! Der Grund liegt in der Bindung zwischen dem Sauerstoffatom und dem einen daran hängenden Wasserstoffatom ganz außen: Diese Bindung ist nicht gleichmäßig; die beiden Elektronen, die sich zwischen Sauerstoff und Wasserstoff aufhalten (und die Bindung ausmachen), sind überwiegend näher beim Sauerstoff konzentriert, weshalb das Wasserstoffatom ziemlich frei herumschlenkert und sich den Sauerstoffatomen anderer Alkoholmoleküle annähert. Infolgedessen kann man gar nicht genau sagen, wer jetzt wo eigentlich dazugehört, alles hängt irgendwie mit allem zusammen wie bei einem Beziehungsgeflecht. Wenn jetzt ein Alkoholmolekül den Verband in die Gasphase verlassen soll (beim Verdampfen), wird eine höhere Temperatur nötig. Beim Wasser H_2O ist das Phänomen sogar noch schlimmer, es hat ja zwei Wasserstoffatome, die sogenannte *Wasserstoffbrückenbindungen* ausbilden können. Der Siedepunktsunterschied zum fast gleich schweren Methan (CH_4), dem einfachsten Kohlenwasserstoff, beträgt 262 Grad (Wasser siedet bekanntlich bei plus 100, Methan dagegen bei minus 162 Grad)!

Mischt man Wasser mit Alkohol, geht diese Wasserstoffbrückenbinderei sozusagen auch quer über die Artgrenzen hinweg, es kommt zu einer innigen Verbrüderung, weshalb man Wasser und Alkohol in jedem Verhältnis mischen kann – und fast in jedem Mischungsverhältnis kommen alkoholische Getränke auch auf diesem Planeten vor, vom russischen Kwas mit 1 Prozent Alkohol bis zum österreichischen Rum mit 80 Prozent. Da wir gerade dabei sind: Auch Lebensmittel, denen man es nicht ansieht, enthalten Alkohol, reife Bananen zum Beispiel 1 Prozent, Apfelsaft 0,4 Prozent, sogar Brot 0,3 Prozent. Alkoholfreies Bier darf 0,5 Prozent Alkohol enthalten; für trockene Alkoholiker nicht wegen dieser Menge ein Problem (sonst würden sie ja auch von Bananen rückfällig), sondern wegen des Biergeschmacks, der dann zum Genuss von echtem Bier überleitet.

Wie entsteht Alkohol? Durch Gärung von Zucker oder Stärke. Die berühmte Gleichung, die den Prozess beschreibt, stellte der Franzose Gay-Lussac schon 1815 auf.

$$C_6H_{12}O_6 \rightarrow 2\ C_2H_5OH + 2\ CO_2$$

Ein Molekül Traubenzucker ergibt zwei Moleküle Alkohol und zwei Moleküle Kohlendioxid. Wenn Sie die einzelnen Atomsorten auf beiden Seiten zusammenzählen, werden Sie feststellen, dass die Gleichung stimmt: Links und rechts stehen von jeder Seite gleich viele. Etwas praktischer ausgedrückt: Aus 18 Kilo Zucker werden 9,2 Kilo Alkohol und 8,8 Kilo Kohlendioxid. Das ist doch schon mal was, rund die Hälfte vom eingesetzten Zucker kriegt man als Alkohol raus, die andere Hälfte entweicht von selber, weil diese Hälfte ein Gas ist; man braucht also nichts abzutrennen, bei den meisten chemischen Reaktionen läuft das nicht so bequem ab.

Im Laufe des 19. Jahrhunderts stellte man fest, dass der Prozess nur mit Hefepilzen abläuft. Wie bitte …? Seit wann wird denn Alkohol erzeugt? Wie bei so vielen Dingen geht man auf der Suche nach ihrem Ursprung nicht fehl, wenn man sich ins alte Ägypten begibt: In Schriftrollen aus der dritten Dynastie stehen Hinweise auf alkoholische Getränke. Diese Dynastie beginnt 2700 v. Chr. Aha. Und erst sage und schreibe viertausendsechshundert Jahre später kommt man darauf, dass dafür Hefepilze nötig sind?! So ist es. Hefepilze kommen sehr häufig vor, ihre Sporen fliegen überall herum; sobald sie also in eine zuckerhaltige Lösung fallen, fängt die Gärung an? Ganz so einfach ist es nicht: Man muss die zuckerhaltige Lösung irgendwo »einsperren«, in einen verschließbaren Behälter schütten. Die Lösung braucht auch keine klare Lösung im Laborsinn zu sein, realiter waren und sind das bei den Völkern der Erde irgendwelche Maischen aus zerquetschten Früchten oder mit Wasser angerührtes zerstoßenes Getreide, im Prinzip eine wässrige Pampe. Deckel zu, warten. Und warm sollte das Ganze gehalten werden, die Umgebungstemperatur von 30 Grad in Ägypten und Mesopotamien ist ideal. Es bilden sich Bläschen und Blasen, die sich zu Schaum verdichten, nach ein paar Tagen hört das auf, man kann die Masse jetzt filtrieren oder aber gleich trinken, für den Alkoholgehalt ist das einerlei. Das Ergebnis trägt viele Namen rund um den Erdball. Wo immer zucker- oder stärkehaltige Gewächse vorkommen, lässt sich nach dieser einfachen Methode eine Art Bier gewinnen.

Der Prozess ist von außen betrachtet so einfach, dass sich seine Ursprünge im Dunkel der Vorgeschichte verlieren; der erste Brauer ist so unbekannt wie der Erfinder des Rades – von innen betrachtet ist der Vorgang jedoch so komplex, dass seine Aufklärung bis ins 20. Jahrhundert gedauert und mehrere Nobelpreise eingebracht hat. Keine Angst, mit komplizierter Biochemie werden wir uns hier nicht befassen. Nur so viel: Auch die Hefepilze sind »Atmer« wie wir alle, das heißt, sie brauchen zur Aufrechterhaltung ihrer Lebensvorgänge Luft. Beziehungsweise den darin enthaltenen Sauerstoff. Damit verbrennen sie Nährstoffe, und von der Energie, die frei wird, leben sie. Wenn man uns die Luft vorenthält, ersticken wir; die Hefe hat es besser, sie kann auf ein biochemisches Notprogramm aus der Frühgeschichte des Planeten umsteigen, als die Atmosphäre des Planeten noch keinen Sauerstoff enthielt (und der Zeitreisende, kaum dass er aus der Zeitmaschine ausgestiegen ist, blau anläuft …)

Dieses Notprogramm ist die *Gärung.* Auch dabei werden Nährstoffe abgebaut, aber nicht zu Kohlendioxid und Wasser wie bei der Atmung, sondern zu einem Produkt, das energetisch weit oberhalb angesiedelt ist: in unserem Fall Alkohol. Soll heißen: Das Produkt enthält noch eine recht bedeutende Energiemenge und kann verbrannt werden, was entweder in der Leber des schweren Alkoholikers vonstattengeht, der gleichsam davon lebt – oder im Automotor in Staaten wie Brasilien, die statt teures Benzin billigen Alkohol verfahren. Die Hefe widmet sich der Gärung nicht freiwillig. Wenn genügend Sauerstoff da ist, veratmet sie damit den Zucker wie sonst alle Welt; nur bei Sauerstoffausschluss wird vergoren. Für die Hefe ist das wirklich nur ein Notnagel: Bei der Atmung kann aus derselben Menge Zucker *fünfzehn Mal* mehr Energie gezogen werden als bei der Gärung! Hefe ist ein fakultativer Anaerobier, soll heißen: atmet mormalerweise, wenn's nicht anders geht, schaltet sie auf Gärung um. Der Vorgang der Gärung ist bei allen Alkoholsorten derselbe, eine der kulturgeschichtlich wichtigsten ist der Wein.

Die ältesten Funde von Kernen aus Weinbeeren, die von Menschen angebaut wurden, sind etwa achttausend Jahre alt und stammen aus der Türkei. Das heißt, kurz nach der Sesshaftwerdung und der Erfindung des Ackerbaus wurde auch schon die Weinrebe *vitis vinifera* kultiviert – die »weintragende Rebe«. Diese Pflanze ist in einem breiten Gürtel beidseits des Äquators im gemäßigten Klima heimisch. Ein Fund aus Ägypten lässt auf Weinbau schon in vordynastischer Zeit schließen, also noch ehe das »Alte Reich« begann. Der »Skorpion-König« hatte sich vierhundert Weinkrüge mit ins 1988 entdeckte Grab geben lassen, die Aufschriften auf diesen Krügen sind die ersten phonetisch lesbaren Schriftzeichen der ägyptischen Kultur aus der Zeit um 3200 v. Chr. – die ersten Schriftzeichen stehen also quasi auf einem Weinetikett. Wein muss in Ägypten sehr populär geworden sein, wie eine Textstelle aus dem

Alten Reich beweist. Ein Erzieher schreibt an seinen Zögling: »Man hat dich oben auf der Mauer kriechen sehen, nachdem du ein Lattengitter zerstört hast. Alle flohen vor dir, aus Angst vor deiner Wut. Könntest du nur verstehen, wie abscheulich der Wein ist!« Jugendlicher Vandalismus und aggressives Verhalten durch Alkohol: hat Tradition über einige tausend Jahre. Die erste Erwähnung eines Weinbergs in der Bibel steht schon im ersten Buch Mose, Kapitel 9, Vers 20: »Noah aber fing an und ward ein Ackermann und pflanzte Weinberge.« Das war gleich nach der Sintflut, gewissermaßen das Erste, was er nach dem Verlassen der Arche unternahm. Der biblische Autor redet dann auch nicht lang um den heißen Brei herum, gleich im nächsten Vers, dem mit der Nummer 21, erfährt man, wohin das führt mit der Weinbergpflanzerei: »Und da er von dem Wein trank, ward er trunken und lag in der Hütte aufgedeckt.« Die Juden des Alten Testaments reagierten sehr empfindlich auf dieses »Aufgedecktsein«, noch empfindlicher aber reagierte Noah, als er endlich seinen Rausch ausgeschlafen hatte: Sein jüngster Sohn Ham hatte ihn nämlich so liegen gesehen »... sah seines Vaters Blöße ...« und es den beiden anderen Brüdern Sem und Japheth erzählt. Woraufhin diese ein »Kleid« aufnehmen, sich über die Schultern legen und rückwärts in die Hütte gehen und mit abgewandtem Gesicht den Vater zudecken, »... dass sie ihres Vaters Blöße nicht sahen«, eine Szene, die nicht eines gewissen Slapstick-Potenzials entbehrt ... Noah erfährt alles, hat eine Saulaune und verflucht nun seltsamerweise nicht den Sohn Ham, der seine Blöße gesehen hat, sondern dessen Sohn Kanaan. Das Ganze wäre zum Lachen, wenn nicht die sklavenhaltenden und bibelfesten Amerikaner mit diesem Fluch »... und sei ein Knecht aller Knechte unter seinen Brüdern!« – die Versklavung der Schwarzafrikaner theologisch gerechtfertigt hätten.

Wie auch immer: Die Zitate aus dem alten Ägypten und aus der Bibel zeigen schon, dass vom Alkohol nichts Gutes kommt, der

Missbrauch ist dem Stoff von Anfang an eingeschrieben. Mangels Lattenzäunen werden heute eben Autoantennen abgebrochen, das »Herumkriechen auf Mauern« hat seine Entsprechung in waghalsigen Kletterpartien: Baukräne, Balkone und so weiter. Und auch heute »fliehen alle aus Angst« vor Angetrunkenen. Was schließlich Noah beisteuert, ist das unsittliche Verhalten unter Alkoholeinfluss. Unheimlich: Sprache, Sitten und Gebräuche, Weltbild und Religion mögen die Menschenkinder voneinander trennen, dazu noch ein paar Tausend Jahre – aber im Rausch sind sie vereint und machen alles Verbotene, vom Blödsinn bis zum Verbrechen. Der Rausch als anthropologische Klammer, so scheint es.

Die Bibel hat zum Alkohol eine ambivalente Haltung, wenn man sich die über siebzig Stellen anschaut, wo vom Wein die Rede ist. Am massivsten antialkoholisch argumentiert das »Buch der Sprüche« (23,29), wo es heißt: »Wo ist Weh? Wo ist Leid? Wo ist Zank? Wo ist Klagen? Wo sind Wunden ohne Ursache? Wo sind trübe Augen? – Wo man beim Wein liegt und kommt, auszusaufen, was eingeschenkt ist. Siehe den Wein nicht an, dass er so rot ist und im Glase so schön steht. Er geht glatt ein; aber darnach beißt er wie eine Schlange und stickt wie eine Otter. So werden deine Augen nach anderen Weibern sehen und dein Herz wird verkehrte Dinge reden.« Die »Dritte Sammlung«, aus der das Zitat stammt, gilt heute als älteste und geht wahrscheinlich auf die Zeit König Hiskias zurück, damit wären die Aussagen über den Alkohol 2800 Jahre alt. Sie sind von geradezu bestürzender Aktualität; nirgendwo zeigt sich die Konstanz des Menschenwesens so klar wie im Rausch.

Im Neuen Testament werden die Äußerungen über Alkohol dann freundlicher. Jesus verwendet oft den Weinberg als Symbolort in Gleichnissen, der Wein selbst kommt nur siebzehn Mal vor, davon allein vier Mal in der berühmten Geschichte von der Hochzeit zu Kana (Joh. 2,3), wo Jesus Wasser in Wein verwandelt.

Es ist das erste Wunder überhaupt. Es geht da um sechs steinerne Wasserkrüge, jeder fasst »zwei bis drei Maß« – nimmt man das griechische *metrétes* mit 40 Liter an und davon den Mittelwert (2,5), dann fasste jeder Krug rund 100 Liter. Das Wunder besteht dann in der Umwandlung von 6 Hektoliter Wasser in Qualitätswein, wundert sich doch der *architriklinos* (»Obertruchsess« und nicht »Speisemeister«, wie Luther übersetzt), dass der Bräutigam erst den schlechten, dann den guten Wein kredenzt, obwohl man es doch gemeinhin umgekehrt macht, weil die Gäste in ihrem Suff den Unterschied sowieso nicht mehr merken. Auch hier ist die Trunkenheit unausweichlich und integraler Bestandteil der Geschichte; da ist kein vornehmes Nippen, kein »Gläschen in Ehren« bei dieser Hochzeit, sondern eine veritable Sauferei – was sagt Jesus dazu? Keinen Ton.

Er hat zum Alkohol überhaupt eine erstaunlich liberale Haltung, adelt den Wein im letzten Abendmahl dann zu einem religiösen Symbol ersten Ranges – von daher war das Christentum untrennbar mit einer Kultur des Weines verbunden. Der Weindunst durchzieht die Kulturgeschichte des Abendlandes. Wann immer vom Saft der Reben die Rede ist, versäumen die Autoren nicht, auf die tief religiösen Wurzeln bei den alten Griechen zu rekurrieren; Dionysos nicht nur als Gott des Weines, sondern auch als Prinzip der Grenzüberschreitung des gewöhnlichen menschlichen Daseins, wozu eben Dionysos verhilft, wenn man ihn »in sich hat« – vom griechischen *entheos* – »gottvoll« leitet sich der »Enthusiasmus« ab, den wir heute bei vielem gerne hätten und vermissen.

Die alten Germanen waren nicht »die ersten Deutschen«, wie bis weit ins 20. Jahrhundert geglaubt wurde, aber was die Trinkerei betrifft, zieht sich eine beunruhigende Kontinuität durch die Zeitläufe. Schon dem Römer Tacitus, der in seiner »Germania« seinen verweichlichten Landsleuten den Typus des edlen Wilden aus den nördlichen Urwäldern entgegensetzte, konnte bei aller Sympathie nicht übersehen, dass seine Lieblinge Tag und Nacht durchtrinken konnten. Tatsächlich ließen sich germanische Edle in Rom »Zutrinkgläser« anfertigen, die keinen Fuß hatten, sondern unten abgerundet waren, sodass man sie nicht hinstellen konnte – nur leer getrunken verkehrt herum auf die Öffnung. Solcherart war sichergestellt, dass der Fremde, dem man das Glas kredenzt hatte, es auch austrinken und damit den Bund der heiligen Gastfreundschaft besiegeln musste, der ihn von aggressiven Handlungen abhielt. Die Sitte des gemeinsamen Trinkens, des Gelages, sehen wir wieder im frühen Mittelalter, wo sie die Bindung zwischen Grundherr und Hörigem bekräftigt; das gemeinsame Trinken konnte nicht verweigert werden, die soziale Ordnung hing daran – »Für mich bitte nur Mineralwasser!« hat es nicht gegeben! Die mythische Bedeutung gemeinschaftlichen Alkoholgenusses entstammt der germanischen Frühzeit, die alten Götter waren auch Götter des Rausches, es fehlt in diesem Pantheon eine rationale, apollinische Instanz. Dem entspricht die Jenseitsvorstellung von Walhall als Monstergelage mit periodischen Raufereien, eine Art nie endendes Oktoberfest.

Das Festgetränk der Germanen war der Met, der aus Honig, Wasser und Kräutern hergestellt wird, er war wegen der komplizierten Honiggewinnung teuer und selten. Man musste die Honigwaben, wie noch Jahrhunderte später, aus den Behausungen wilder Bienen herausschneiden; diese Wohnungen in alten Bäumen in beträchtlicher Höhe über dem Erdboden zu finden, war schwer genug; ganz zu schweigen von der Schwierigkeit, an den Honig heranzukommen, ohne tot gestochen zu werden. Im Alltag tranken die Germanen eine Art Leichtbier, das ohne Hopfen gebraut wurde, ein armseliges Gesöff mit minimalem Alkoholgehalt. Um sich zu betrinken, musste man gewaltige Mengen konsumieren. Als die Germanen dann mit dem viel stärkeren Wein der Römer in Kontakt kamen, den sie nicht gewohnt waren, erla-

gen sie exzessiver Berauschung wegen der Kombination von Trink-
gewohnheit und neuem Getränk, wie berichtet wird: Wer Faler-
ner wie Limonade runterschüttet, hat sich die Folgen selber zuzuschreiben.

An den Wein war schwer heranzukommen. Kaiser Domitian
(81 bis 96 n. Chr.) hatte den Weinbau in den Provinzen beschränkt,
weil er den Getreideanbau fördern und den italienischen Weinbau
schützen wollte. Dem Soldatenkaiser Probus, der von 276 bis 282
regierte, wird von der anonym verfassten »Historia Augusta« die
Aufhebung des Anbauverbots und die Förderung des Weinbaus zugeschrieben. Gleiches berichten die spätantiken Geschichtsschrei-
ber Aurelius Victor und Eutropius. Seither gilt Probus als der Men-
schenfreund, der den Weinbau nördlich der Alpen eingeführt hat,
obwohl dieser nachweislich schon vorher existierte. Die Produktion hat aber nach seiner Regierungszeit zugenommen – gönnen
wir also dem armen Probus den Ruhm der Nachwelt; er ist ein
Lichtblick, eine der wenigen positiven Gestalten des traurigen 3.
Jahrhunderts; er wurde, wie damals üblich, von den eigenen Soldaten umgebracht.

Die Christianisierung der Germanen wurde sicher nicht dadurch behindert, dass die neue Religion dem Wein einen hohen
Stellenwert einräumte. Für das Abendmahl war Wein unverzichtbar, es wurde in den frühen Zeiten auch dem Volk in »beiderlei
Gestalt« zuteil, man brauchte also schon aus religiösen Gründen
erhebliche Mengen. Anfragen aus Nordeuropa, ob man eventuell
auch Met oder Bier verwenden könnte, lehnte Rom kategorisch
ab. Mit dieser unbedingten Notwendigkeit des Weins hängt eine
bizarre Episode aus dem 9. Jahrhundert zusammen, dem finsters-
ten des deutschen Mittelalters. Der Normannenfürst Gottfried
hatte sich taufen lassen und Gisla, die Tochter des schon verstorbenen König Lothars II., geheiratet. Damit war er in den Famili-
enverband der Karolinger aufgenommen und verbündete sich 885

mit seinem Schwager Hugo, den seine Großonkel um sein Erbe betrogen hatten, das Mittelreich Lotharingien. Hugo wollte sein Erbe wiederhaben, der mächtige Normannenfürst, nun Herzog von Friesland, stand dabei auf seiner Seite. Der brauchte einen Vorwand, die Kampfhandlungen zu beginnen, und schrieb dem regierenden Kaiser Karl III., dem Großonkel seiner Frau, einen Brief: Als frisch getaufter Christ brauche er jetzt Wein, und zwar nicht zu knapp, in Friesland wachse aber keiner, weshalb ihm der Kaiser, bitte schön, einige seiner besten Weinberge im Rheinland abtreten solle. Diese Frechheit beantwortete der karolingische Hof mit der Aufnahme von Verhandlungen. Gisla wurde in einem Kloster in Sicherheit gebracht, dann gab es ein gemeinsames Gelage (die Normannen waren recht anfällig für Alkohol) – in einem provozierten Streit wurde Gottfried samt seiner ganzen Entourage von Karls oberstem Militärbefehlshaber, dem Babenberger Grafen Heinrich, erschlagen; Mitverschwörer Hugo wurde geblendet und ins Kloster Prüm gesperrt. Eine üble Geschichte, in der Alkohol gleich in zweifacher Hinsicht eine Rolle spielt: als Vorwand für kriegerische Handlungen und als Kriegslist Barbaren gegenüber, die nichts Starkes gewohnt waren.

Im Lauf der Jahrhunderte entwickelte sich das Alkoholtrinken in mehr oder weniger fest gefügten Formen: Das »Minnetrinken« hat im 10. Jahrhundert noch nichts mit dem Frauendienst zu tun, sondern ist ein rituelles Trinken zu Ehren Verstorbener. Die Kirche hat es wegen der Exzesse von Geistlichen abgelehnt; ein Priester sollte sich bei Totengedenken nicht betrinken, er durfte auch nicht andere dazu auffordern oder sogar zwingen, für die Seelen von Verstorbenen oder zu Ehren von Heiligen zu trinken, und sich nicht auf Bitten anderer volllaufen lassen. Die Ermahnungen heiligmäßig lebender Kirchenmänner wie Hincmar von Reims und anderer deuten das wirkliche Geschehen an: Eben das haben die »Weltpriester« offenbar gemacht, andere zum Trinken gezwungen und sich selber volllaufen lassen. In den Klöstern war man auch nicht abstinent. Im »Reformkloster« Cluny wurde zu Ehren der Heiligen Dreifaltigkeit jeden Tag Alkohol getrunken – drei Mal, na klar. Allerdings war die Kirche in diesen Dingen ambivalent. Schließlich hatten die Germanen ihren Göttern Trankopfer dargebracht; wenn man die Heiligen an ihre Stelle setzen wollte, konnte man den populärsten Teil der Verehrung nicht gut streichen, infolgedessen gab es eine Johannisminne zu Ehren des Heiligen Johann, aber auch eine St. Michaels-, St. Stefans-, St. Martins- und St. Ulrichsminne. Das Prinzip ist extrem ausbaufähig, an Heiligen mangelt es nicht, sind die anderen, hier nicht genannten etwa weniger wert? Die Kirche selbst musste einen Riegel vorschieben, sonst hätte der Heiligenkalender buchstäblich jeden Tag die Trunksucht sanktioniert. Das Zu- und Minnetrinken steigerte sich dennoch im Lauf des Mittelalters bis ins 16. Jahrhundert, das als Zeitalter der Völlerei und Sauferei in die Literatur eingegangen ist. Die Deutschen taten sich, wenn man den Quellen glauben darf, dabei besonders hervor. Sie waren auch im Ausland berüchtigt. Kaiser Karl V. stellte seinen spanischen Räten voller Stolz seine deutsche Leibgarde vor: »Sehet, sein die Teutschen nicht wackere, starke, ansehnliche, gerade Männer?« Einer der Räte antwortete: »Es ist wahr, wenn sie nur nicht so sehr söffen!« (Wenn Ihnen beim Thema »betrunkene Deutsche in Spanien« jetzt »Ballermann 6« einfällt, kann ich nichts dafür, die Verbindung ist offensichtlich, es liegen ja nur vierhundert Jahre dazwischen ...) Das berühmteste Diktum über die Trinkfreudigkeit der Deutschen stammt von Martin Luther: »Es muß aber jedes Land seinen eigenen Teufel haben. Welschland seinen, Frankreich seinen. Unser teutscher Teufel wird ein guter Weinschlauch sein und muß Sauff heißen, der so durstig ist, dass er mit so großem sauffen weins und biers nicht kann gekület werden. Und wird solcher ewiger Durst teutschen Landes Plage bleiben (hab ich Sorg) bis an den jüngsten Tag.«

Dieses Lutherwort vom »teutschen Teufel Sauff« hat das Bild des Reformationszeitalters bis in die Gegenwart geprägt. Tatsächlich entsteht aus den vielen Quellen der Eindruck, die Deutschen hätten sich, wann immer Gelegenheit dazu war, die Kante gegeben. Stellt sich die Frage, wer damals überhaupt nüchtern war.

Ganz sicher nicht der König Wenzel, der Sohn Karls IV., in die Geschichte eingegangen als »Wenzel der Faule«, obwohl »Wenzel der Säufer« viel besser gepasst hätte; ein Herrscher, dessen viele Fehler heute zwanglos mit seiner Trinkerei erklärt werden können. Der Alkoholiker auf dem Thron. Aber diese Bezeichnung hat damals noch nicht existiert; die Zeit hatte keinen Begriff für eine Suchterkrankung. Wenzel, Sohn Kaiser Karls IV. und der Anna von Schweidnitz, wurde 1361 geboren und von klein auf zum Herrscheramt erzogen. Mit siebzehn trat er, gewählter und gekrönter römisch-deutscher König, die Regierung an. Die Zeiten waren kompliziert, Stadtbürger, hoher und niederer Adel lagen miteinander in Fehde, die Kirche war durch das große abendländische Schisma gespalten, es gab einen Papst in Rom und einen zweiten in Avignon. 1398 sollten mit dem französischen König Karl VI. Verhandlungen in Reims stattfinden: Der Franzose hatte den deutschen König dazu eingeladen, in einer gemeinsamen Anstrengung den Skandal, der schon zwanzig Jahre andauerte, zu beenden. Aus den Verhandlungen wurde aber nichts, weil Wenzel am 24. März am großen Festessen mit dem König von Frankreich nicht teilnehmen konnte – er war zu betrunken. Das Schisma dauerte dann noch weitere neunzehn Jahre. In Wenzels Handlungen findet sich alles, was heute den Alkoholiker ausmacht: Arbeitsunfähigkeit, Sprunghaftigkeit, Anfälle rasender Wut. Den Beichtvater seiner Frau, Johan von Pomuk, soll er eigenhändig schwer gefoltert haben. Der Halbtote wurde danach in der Moldau ertränkt und als Märtyrer im 18. Jahrhundert zur Ehre der Altäre erhoben, bis heute wacht der Heilige Nepomuk über die Brücken. Andererseits hatte Wenzel Interesse an Kunst und Literatur, die er förderte, man verdankt ihm die Prachthandschrift der »Wenzelsbibel«, ein Prunkstück der österreichischen Nationalbibliothek. Im August 1400 setzten ihn die Kurfürsten als »unnützlich, träg und für das römische Reich durchaus ungeschickt« ab. Am nächsten Tag wählten sie den Pfalzgrafen Ruprecht zum deutschen König. Wenzel reagierte mit einem alkoholgeschwängerten Wutausbruch: »Ich will das rächen oder will tot sein, ich will ihn totstechen oder er muss mich totstechen!« Passiert ist nichts davon, es setzte nur die Säuferdepression ein; schon wenige Wochen später tröstete er sich selbst damit, dass ihm auch nach dem Verlust Böhmens ja noch drei Schlösser blieben. Diesen Wenzel nahm niemand mehr ernst. Er beharrte auf dem Titel römischer König, stimmte dann nach dem Tod Ruprechts der Wahl seines Bruders Siegmund zu. Er starb erst 1419 an einem Schlaganfall, weil er sich über die Hussiten geärgert hatte.

Ist Wenzel ein tragischer Einzelfall? Tragisch schon, aber kein Einzelfall. Nur seine Stellung und die besondere Ausformung seiner Trunksucht ließen ihn hervorstechen. Wenn er nüchtern war, sei er »umgänglich und leutselig« gewesen. Ach ja. Die Leiter der Entzugsanstalten werden Wenzel von Böhmen viele Beispiele aus neuer Zeit zur Seite stellen können; dieser Typ war und ist so häufig, dass er es bis ins Sprichwort geschafft hat: »Ein Kerl wie Samt und Seide, nur schade, dass er soff.«

Noch einmal die nun ernst gestellte Frage: War damals überhaupt jemand nüchtern? Im heutigen medizinischen Sinn wahrscheinlich nicht. Der Grund war das Wasser. Man konnte es meistens nicht trinken. Das ganze Mittelalter hindurch wird jedes andere Getränk dem Wasser vorgezogen. Für die Städte versteht man die Wasserscheu, lagen doch Brunnen und Abtritte nebeneinander; man brauchte keine bakteriologischen Kenntnisse, um zu begreifen, dass man gewöhnliches Wasser tunlichst nicht trinken sollte, Erfahrung genügte. Trinken sollte man etwas anderes, und dieses andere, egal, ob Wein, Bier, Haferbier oder Most, enthielt Alkohol. Allerdings lebten 90 Prozent der Menschen auf dem Land, wo doch die sauberen Quellen nur so sprudeln sollten – ein Ökoparadies. Schließlich war die Landwirtschaft so was von naturnah, naturnäher ging es gar nicht: kein Kunstdünger, keine Pestizide, keine Industrieabwässer. Jeder ländliche Brunnen hätte doch ein Wasser liefern müssen, das man heute auf Flaschen ziehen würde. Aber so gut war die Wasserqualität offensichtlich nicht, alkoholische Getränke hatten im Alltag nichts mit Genuss zu tun, sondern waren Lebensmittel. In einer Landwirtschaft, die mit bestürzender Gleichförmigkeit tausend Jahre lang am Rande der Katastrophe herumkrebst, kann es reine Genussmittel sowieso nicht geben. Bier und Wein müssen gemacht werden; angebaut, gekeltert, gebraut und gehandelt. Man trinkt sie, weil es nötig ist, bei einem Fest, das den trüben Alltag unterbricht, trinkt man vom Gleichen eben so viel, wie man bekommen kann. Die Quantität schlägt dann (hoffentlich) in die Qualität um; wenn man nur genug trinkt, schlägt es um, im grausamen und erbärmlichen Leben leuchtet die Flamme des Glücks wie eine Verheißung des Paradieses. Diese gefühlte und erfahrene Dialektik der Sinne ist dem europäischen Menschen eingeschrieben; für unsere Vorfahren war durch die Übung vieler Generationen der Rausch die einzig reale Erfahrung der Transzendenz. Das ganz andere, den Horizont des Alltags Überschreitende ist die Wirklichkeit des Alkohols in der europäischen Geschichte.

Auf diesem Grundstock allgemeinen (unumgänglichen) Alkoholkonsums der breiten Masse erheben sich im 16. Jahrhundert, Bergspitzen gleich, höfische Trinksitten, die uns in ihrer Maßlosigkeit heute noch erschauern lassen. Die Literatur ist voller Beispiele medizinisch kaum nachvollziehbarer Trinkfestigkeit. Die Mode des »Zutrinkens« hatte sich, von den Landsknechtheeren ausgehend, in der ganzen Gesellschaft durchgesetzt und bei Hofe, also an der Spitze der Pyramide, in besonderer Weise etabliert. Der Historiker Ernst Schubert vertritt in seinem Buch »Essen und Trinken im Mittelalter« die interessante These, dass beides auf die Langeweile einer Lebensweise zurückzuführen ist, die den Aufenthalt an einem Ort erzwingt, ohne entsprechende Aufgaben zu bieten. Beides trifft für das Militär wie für den Hof zu, an dem die Adligen der frühen Neuzeit zugegen sein müssen. Die Kriegführung ist weithin ein Lagerleben ohne produktive Tätigkeit, für den Hof gilt das erst recht. Wie schlägt man also die Zeit tot (wenn sonst gerade niemand totzuschlagen ist)? Mit Saufen. Die fußlosen Gefäße der germanischen Frühzeit kehren als »Sturzbecher« wieder, die auf einen Zug ausgetrunken werden müssen – eben darin besteht das Zutrinken: auf ex. Es gibt keine bessere Art, möglichst viele Alkoholiker zu produzieren, als einen gesellschaftlichen Trinkzwang, dem man sich nicht entziehen konnte. Die Folgen waren so verheerend, dass die Politik versuchte, die Sitte des Zutrinkens zu verbieten oder wenigstens einzuschränken. Es ging allerdings nicht um Alkoholismus, sondern um die fehlende Disziplin in den Landsknechtheeren. Kaiser Maximilian I. versuchte, das Zutrinken auf dem Reichstag zu Worms 1495 einfach zu verbieten, drei Jahre später sah er sich genötigt, das Verbot zu erneuern: »… dass sollich Zutrinken nit gestattet, sondern abgestellt, vermitten und ernstlich gestraft werden soll …«, heißt es im »Reichsabschied« von Freiburg; der Reichsabschied ist die Gesamtheit aller auf einem Reichstag des Heiligen Römischen Reiches gefassten Beschlüsse. Im Adel setzte sich darauf der Trinkspruch durch: »Es gilt dir auf den Reichsabschied!« – eine blanke Verhöhnung der kaiserlichen Autorität. Genutzt hat das alles gar nichts. Wahrscheinlich dachten (und sagten) die Untertanen: Da redet der Richtige! Maximilian war ein leutseliger Monarch. Wenn er in meiner Heimatstadt Feldkirch einkehrte, um seine Geliebte auf Schloss Amberg zu besuchen, versäumte er nicht, mit den Herren des Rates im Garten der Schenke »Zum Schwert« beisammenzusitzen. Was werden die dort getrunken haben? Sicher kein Mineralwasser … Das Gasthaus »Zum Schwert« gibt es schon lange nicht mehr, heute steht an derselben Stelle ein Kaffeehaus, was den Sittenwandel am Beginn der Neuzeit exemplarisch verdeutlicht, ich werde im Koffein-Kapitel darauf zurückkommen.

Wer den Alkohol nicht vertrug, musste sich zu Tode saufen, um dem Zutrinken zu entgehen, konnte er sich nicht einmal auf fürstliche oder städtische Verbote berufen, die wurden einfach ignoriert. Ein Nürnberger Patrizier ist in die Abstinenzgeschichte durch eine ungewöhnliche Maßnahme eingegangen: 1547 ließ er sich von Papst Paul III. ein Privileg ausstellen, dass ihn niemand zum Zutrinken zwingen dürfe!

Das 16. Jahrhundert war auch deshalb besonders »alkoholisch«, weil jetzt zum ersten Mal »Gebranntes« in großem Umfang zur Verfügung stand. Die Technik der Destillation war in einfachen Vorformen schon der Antike bekannt, die heute noch übliche Form stammt aber aus dem Orient und findet sich in den Schriften von Abu Musa Dschabir ibn Hayyan, der latinisiert »Geber« genannt wurde und eine wichtige Rolle als Quelle der Alchimisten spielte. Der Mann lebte im 9. Jahrhundert und war so angesehen, dass man ihm vierhundert Jahre später in Europa eigene alchimistische Texte unterschob, die dadurch von einer unangreifbaren Autorität geadelt waren, der sogenannte »Pseudo-Geber«. Das Mittelalter kannte aus den arabischen Schriften die Technik der Destillation, das lateinische Wort *destillare* heißt »herabtropfen« – jeder, der schon einmal beim Schnapsbrennen zugeschaut hat, wird bestätigen, dass dies der entscheidende Moment und der Kern des ganzen Vorgangs ist: wenn die im Brennkessel verdampfte Flüssigkeit sich als Dampf im Brennhelm gesammelt und im »Geistrohr« durch äußere Kühlung wieder verflüssigt hat.

Auf der Abbildung steht der Brennkessel in einem Wasserbad, wird also indirekt geheizt, wodurch man das Anbrennen der Maische verhindert. Es ist eine der größten Ironien der Geschichte, dass die abstinenten Muslime das Schnapsbrennen erfunden haben; über Salerno kam es um 1200 nach Europa, aber erst drei Jahrhunderte später wurde Branntwein zu einem Konsumartikel, vorher war er ein Apothekenprodukt. Darauf weisen medizinische Schriften, die den Branntwein gegen Fallsucht, Wassersucht und graue Haare empfehlen; Branntwein gegen Melancholie – das können wir auch heute noch glauben, wenn man so will, wird er deswegen bis in die jüngste Gegenwart getrunken. Die Wende leitet Michael Schrick mit seinem Buch »Von den ausgebrannten Wassern« ein. Das Werk erlebt zwischen 1476 und 1533 siebenundvierzig Auflagen! Hier geht es nicht mehr um Medikamente, sondern um Branntwein als Getränk. Man spricht von einer »Branntweinrevolution«; Ernst Schubert sieht den Grund dafür in verbesserten Destillierapparaten mit neuen Kühlrohren, die eine größere Alkoholausbeute ermöglichen; also eine Innovation auf der Angebotsseite, die Nachfrage scheint nie eine Begrenzung gewesen zu sein, jede produzierte Menge wurde weggetrunken. Im Lauf der Neuzeit steigert sich der Schnapskonsum zu einem Ausmaß, das im 18. Jahrhundert die Behörden auf den Plan ruft. Die Volksgesundheit hatte durch die »Branntweinseuche« einen Tiefpunkt erreicht. Friedrich Engels hat den technologischen Wandel untersucht. Ausgelöst wurde er durch die Entdeckung, dass man Alkohol nicht nur aus Getreide gewinnen konnte, sondern auch aus den weit billigeren Kartoffeln. »Der Schwerpunkt der Brennerei wurde endgültig von den Städten aufs Land verlegt und die kleinbürgerlichen Produzenten von gutem, altem Getränk mehr und mehr durch die infamen Kartoffelfusel produzierenden Großgrundbesitzer verdrängt.« Dieser billige Schnaps wurde in Preußen massenhaft hergestellt. Wenn in des »Heiligen Römischen Reiches Streusandbüchse« sonst schon nichts Vernünftiges wuchs – Kartoffeln gediehen prächtig, und mit Kartoffelsprit hatte nun auch Preußen ein begehrtes Exportgut, das in ganz Europa zum »Aufspriten« zweifelhafter Wein- und Weinbrandqualitäten verwendet wurde. Und selbst getrunken wurde er natürlich auch: 1827 lag die Produktion bei 144 Millionen Litern, das bedeutete 12 Liter pro Kopf. Schnaps war billig, ein Mann konnte, schreibt Engels, »… für fünfzehn Silbergroschen die ganze Woche lang im höchsten Tran bleiben«.

In der frühen Industrialisierung bietet der Schnaps dann dem Proletarier die einzige Möglichkeit, über die entsetzlichen Lebensbedingungen hinwegzukommen. Oft wird Alkohol in der Schwerindustrie sogar von Unternehmerseite als »Liebesgabe« verteilt, damit die Arbeiter besonders schwere und kräftezehrende Arbeiten besser bewältigen; das hört erst auf und schlägt ins Gegenteil um, als die deutsche Industrie immer kompliziertere Produkte herstellt, die nicht nur an die Geschicklichkeit und geistige Beweglichkeit der Arbeiter höhere Ansprüche stellen, sondern vor allem an ihre Nüchternheit. Lokomotiven wie bei Borsig und optische Instrumente wie bei Zeiss lassen sich nicht »im Tran« herstellen. Erst von da an wird Nüchternheit am Arbeitsplatz, heute selbstverständlich, zum absoluten Gebot. Seine Durchsetzung dauerte immerhin bis zum Ersten Weltkrieg.

Alkohol ist ein Gift, ein Suchtgift. Ich werde dieses Kapitel nicht noch mit wortreichen Schilderungen der verderblichen Wirkungen des Alkohols belasten, darüber lassen sich Bibliotheken voll schreiben und sind auch vollgeschrieben worden. Um Substanzen, die die Welt veränderten, soll es in diesem Buch gehen. Von allen, die hier vorkommen, ist der Alkohol die wirkmächtigste überhaupt. Die Wirkmächtigkeit einer chemischen Verbindung lässt sich im Vergleich abschätzen, wenn man die eigene Fantasie bemüht, soll heißen: wenn man versucht, sich eine Welt vorzustellen, in der das betreffende Agens nie entdeckt oder erfunden worden wäre. Das fällt bei den einen schwerer als bei anderen. Zum Beispiel ist eine Welt ohne Antibiotika relativ leicht vorstellbar: Viele Millionen müssen auch heute noch ohne diese Medikamente auskommen; noch mein Großvater hat die Ära des Penicillins ganz knapp erlebt; eine solche Welt wäre zweifellos gefährlicher als die unsere und nicht wünschenswert. Aber sie ist denkmöglich – und nicht alle von uns würden an einem rostigen Nagel sterben …

Beim Alkohol ist dieses Gedankenexperiment leicht und schwer zugleich. Viele Menschen auf dieser Welt leben ohne ihn. Aus religiösen, medizinischen oder moralischen Gründen. Eine Welt ohne Alkohol von jetzt an ist deshalb leicht vorstellbar. Aber nicht eine alkoholfreie Welt von Anfang an. Jedenfalls keine westliche Welt.

Das Abendland ist alkoholgetränkt, es riecht danach von Anbeginn; der süßlichfade Duft des gärenden Mets durchzieht die Lehmhütten der Germanen, der Weindunst die Häuser der Römer, der Hefegeruch des Biers die mittelalterlichen Städte, die

Schnapsfahne die ärmlichen Behausungen der Proletarier – und natürlich die edlen Aromen von Brandy, Whiskey, Kognac und Co. die Salons und Bibliotheken der Bessergestellten bis zum heutigen Tage. Es ist ganz unmöglich, sich die kontrafaktische Welt vorzustellen, wo das alles nicht so wäre; man kann nicht mehr als zwei Jahrtausende Kulturgeschichte ohne die Tatsache rekonstruieren, dass die Beteiligten (und zwar alle) mal mehr, mal weniger, aber dauernd einen in der Krone hatten! Denn nichts anderes bedeutet die über viele Jahrhunderte sich streckende Aversion (oder Unmöglichkeit), reines Wasser zu trinken. Erst mit dem Aufkommen von Tee und Kaffee ist eine Kultur der Nüchternheit überhaupt möglich geworden.

Ein österreichischer Schriftsteller wunderte sich, als ich ihm vom Plan dieses Buches erzählte: »Nur zwei Drogen?« (Alkohol und Koffein). Der Einwand ist auf den ersten Blick berechtigt, schließlich herrscht in der Medienberichterstattung kein Mangel an natürlichen wie synthetischen Drogen. Warum zum Beispiel kein Nikotin in unserem Dutzend? Den Tabak kennen die Europäer seit fünfhundert Jahren, und während dieser Zeit wurde heftig gequalmt, kein Zweifel. Aber gegenwärtig ist der Tabak auf dem Rückzug. Niemand weiß, was die Zukunft bringt, denkbar ist aber, dass die Raucher aussterben. Noch vor fünfzig Jahren hätte das niemand für möglich gehalten. Ist Ähnliches bei Alkohol oder Koffein zu erwarten? Dafür gibt es keine Anzeichen.

Alkoholdehydrogenase heißt das Enzym, das in der Leber den Alkohol abbaut. Asiatische Völker und die Ureinwohner Amerikas und Australiens haben davon weniger als »wir«. Man darf darin die über viele Generationen wirkende Selektionsmacht der Evolution erkennen: Die, die nichts vertragen, sollten in alkoholgesättigten Gesellschaften geringere Fortpflanzungschancen haben als die Trinkfesten. Tatsächlich? Das wäre einmal genauer zu untersuchen. Bei der Milchzuckerunverträglichkeit wirkt jedenfalls ein ähnlicher Selektionsmechanismus, nur ungleich stärker: Bei den Skandinaviern ist die Milchunverträglichkeit unbekannt, angeblich werden unter nordischen Lebensbedingungen innerhalb eines Jahrtausends alle »ausgemendelt«, die keine Milch verdauen können: wegen Calziummangels. Besonders wirksam scheint der Mechanismus aber auch nicht zu sein, sonst würden wir den Alkohol besser vertragen. Immerhin trinken Deutsche und Österreicher, aber auch Spanier und Franzosen mehr als 10 Liter reinen Alkohol pro Jahr, die Tschechen sogar 13. Und die Luxemburger halten Platz 1 mit über 14 Litern. Bei einer so dominanten und gesellschaftlich akzeptierten Droge scheint es große Probleme zu machen, die Folgen des Konsums zahlenmäßig zu erfassen. Wie viele Alkoholiker gibt es in Deutschland? Die Schätzungen schwanken zwischen 1,3 und 2,5 Millionen. Noch stärker differieren die Angaben bei den alkoholbedingten Todesfällen: Das Statistische Bundesamt zählte 16 000, das Deutsche Rote Kreuz 40 000 und der Drogen- und Suchtbericht des Deutschen Bundestages sogar 73 000. Inwieweit Lobbyinteressen in die Erhebung eingehen, sei dahingestellt; Einigkeit besteht, dass 9,5 Millionen Menschen in Deutschland Alkohol in »riskanter, gesundheitsgefährdender Weise« konsumieren, wie die etwas gewundene Formulierung lautet; weniger gewunden: Jeder Neunte säuft. Die Zahl scheint mir glaubhaft. Denn trockene Alkoholiker werden von ihrer »normalen« (trinkenden) Umgebung immer danach gefragt, »woran man es denn merke«, dass man schon … gefährdet ist. Die Frage käme nicht so stereotyp, wenn nicht die massive Angst vorhanden wäre, in die Sucht abzugleiten …

Um das Kapitel nicht so düster enden zu lassen: Mit Alkohol kann man auch Auto fahren, jawohl! Man braucht ihn nicht zu trinken. In Deutschland wird etwa die Hälfte allen Alkohols schon in den Tank geschüttet. Eine fünfprozentige Beimengung vertragen die Benzinmotoren, geeignet konstruierte Motoren sind auch mit reinem Alkohol zu betreiben. Sogenannte »Flex«-Autos fahren mit jedem Alkoholzusatz zwischen 0 und 85 Prozent. In Brasilien sind diese Autos sehr populär, der Alkohol wird aus Zuckerrohr gewonnen. Und dafür Regenwald abgeholzt. In Europa wären Zuckerrüben oder stärkehaltige Pflanzen verfügbar – Alkohol aus Getreide? Brot für den Tank? Das kann man vergessen, das ist politisch nicht durchsetzbar. Also vielleicht andere Biomasse, die man nicht essen kann, zum Beispiel Holz: Holz für Motoren zu verwenden, ist keine neue Idee, dazu hat es schon Arbeiten in der Zwischenkriegszeit gegeben, bekannt ist etwa der Holzvergaser. Das Holzgas musste allerdings im Fahrzeug selbst erzeugt werden, das erfordert eine große Apparatur. Besser wäre es, man könnte aus der Biomasse einen flüssigen Treibstoff gewinnen, etwas wie Benzin oder Diesel. Die Technologie dazu ist schon bekannt: Zunächst wird Stroh oder Holz mit 500 Grad heißem Sand vermischt, wodurch sich die Biomasse in ein Gemisch aus Teer und Holzkohle umwandelt. Der Energiegehalt dieses Schlamms ist zehn Mal so groß wie in der ursprünglichen Biomasse, deshalb lohnt es sich, ihn über größere Entfernungen zu einer Fabrik zu transportieren, wo er weiterverarbeitet wird. Das war bis jetzt immer das Problem mit der Biomasse: Der Transportaufwand für das relativ energiearme Holz war einfach zu groß. In der Fabrik wird bei Temperaturen von 1200 Grad und bei 80 Atmosphären Druck das Teer-Kohle Gemisch komplett vergast. Es entsteht *Synthesegas,* eine Mischung aus Kohlenmonoxid und Wasserstoff – dieses Gemisch lässt sich mit Katalysatoren nach bewährten Verfahren zu Methylalkohol und weiter zu Benzin umsetzen. Eine Versuchsanlage macht aus 1000 Kilo Biomasse 140 Liter Synthesebenzin, großtechnisch soll das bis auf 250 Liter steigen. Produktionskosten: ein Euro pro Liter. Das Verfahren könnte im Endausbau immerhin 10 Prozent des deutschen Kraftstoffbedarfs von 60 Millionen Tonnen pro Jahr abdecken. Vorteil gegenüber den angebauten Energiepflanzen wie

Zuckerrohr: Die ganze Pflanze wird genutzt, die Kraftstoffausbeute ist entsprechend hoch.

Wann wird das kommen? Wenn der Ölpreis (wieder) weiter steigt. Alkohol also ist aus dem Rennen. Wir dürfen ihn weiterhin in »gesundheitsgefährdender Weise« zu uns nehmen. »... (hab ich Sorg) bis an den jüngsten Tag.«

Prost!

Gummi

In meiner Heimatstadt Feldkirch gibt es ein Geschäft, das viele Jahrzehnte den Bedarf an Gummiartikeln befriedigte, und zwar allein. »Gummi-Kühne« stand auf dem Ladenschild, der Inhaber mit Familiennamen Kühne setzte sich durch den Zusatz »Gummi-« von anderen Kühnes ab.

Wer irgendeinen Gummiartikel brauchte, ging zum »Gummi-Kühne«, egal, ob Schlauch, Kinderbadewanne oder was sonst gefragt war; wenn es der Gummi-Kühne aber nicht hatte, brauchte man es sonst nirgendwo zu probieren. Dann gab es das in unserem Landstrich nicht. In der Nachbarschaft Dornbirn hieß das analoge Geschäft »Gummi-Raab«, beide hatten eine jahrzehntelange Geschichte und Gummi als Alleinstellungsmerkmal in ihrer Stadt.

Ich erwähne das deshalb, weil man aus der Namensverwendung einiges ablesen kann: Bei den deutlich häufigeren Bäckern steht der Familienname vor dem Produkt (»Spiegel-Bäck«); es gibt einen ganzen Haufen Bäcker, Metzger und so weiter, aber nur ein Geschäft für Gummi. Es braucht auch nicht mehr, aber dieses eine unbedingt. Das Material war so unverzichtbar, dass es die erste Stelle in der Zusammensetzung einnahm: Gummi-Kühne.

Heute sind in diesen Läden, sofern sie noch existieren, die meisten Erzeugnisse aus Kunststoff, nicht mehr aus Gummi. Darin spiegelt sich die historische Entwicklung; Gummi war lange vor den Zeiten der Einkaufszentren und Baumärkte etwas so Besonderes, dass es den Händler aus der Masse der Namensvettern heraushob, gleichsam adelte. Die Kunststoffe betraten die Weltbühne erst hundert Jahre nach dem Gummi, als schon alles in Massen produziert wurde; ein »Plastik-Kühne« oder »Plastik-Raab« ist undenkbar, wenn an jeder Supermarktkasse die Plastiktüten zu Dutzenden hängen. Wegwerfartikel im Grunde. Am Plastik haftet von Anfang an die Aura des Minderwertigen, wie am Gummi die des Besonderen, Wertvollen. Warum?

Gummi ist elastisch.

Der schlichte Satz macht den Gummi zu etwas Einzigartigem. Elastizität ist die Eigenschaft, sich bei Dehnung zu verformen – und beim »Loslassen« wieder in den ursprünglichen Zustand zurückzukehren. Die Eigenschaft ist ungeheuer praktisch. Ich erspare mir die Aufzählung von Artikeln, die ihren Gebrauchswert alle aus der Gummielastizität beziehen. Jeder kann sich selber eine solche Liste aufstellen. Bei jedem Gummiartikel sieht man sofort, wie er funktioniert. Im Unterschied etwa zu einem Medikament, nach dessen Einnahme man nicht sieht, wie es funktioniert (und ob es überhaupt funktioniert hat, stellt sich erst viel später heraus). Ein Beispiel sei mir doch gestattet: die Spezialgummiringe zur Abdichtung von Einweckgläsern. Diese heiß gewaschenen, breiten Ringe dichteten den Spalt zwischen Kompottglas und Glasdeckel, nachdem unter diesem aufgesetzten Deckel eine Alkoholflamme den Sauerstoff verbraucht und ein Vakuum erzeugt hatte. Ohne diesen Dichtring war das Einkochen unmöglich.

Überhaupt: *Dichtung* und *Dämpfung*. Der Gummi hilft uns über die Tatsache hinweg, dass wir in keiner perfekten Welt leben. In einer solchen, mathematisch präzisen, würden Rohre ohne Zwischenraum ineinanderpassen, Motoren würden nicht vibrieren und bräuchten keine elastischen Halterungen, Waschmaschinen keine Gummifüßchen … Der Gummi hilft, wo etwas nicht perfekt passt; in Gestalt des Silikongummis ist er unverzichtbar zur Abdichtung aller möglichen Fugen und Ritzen: Es geht eben nicht darum, irgendeinen Dreck hineinzustopfen, das konnte man auch im Mittelalter – das Silikon passt sich Wärmedehnungen an und dichtet dauerhaft ab.

Der Ausdruck »Gummi« kommt vom Griechischen *to kommi*, das der Historiker Herodot aus dem Altägyptischen genommen hat – der seltene Fall eines ägyptischen Fremdworts in der griechischen Sprache (*kommi* ist undeklinierbar). Im Ägyptischen hieß es einfach »Harz«.

Nun ist Gummi alles andere als ein Harz, aber sei's drum. Im Zusammenhang mit Gummi spricht man auch oft von »Kautschuk« oder »Latex«. »Kautschuk« stammt aus der Ketchuasprache südamerikanischer Ureinwohner. Das ist alles nicht ein und dasselbe: Zuerst kommt der Milchsaft (lateinisch: Latex), wenn man die Rinde gewisser Pflanzen anritzt. Die Gewächse versuchen damit, die Wunde zu verschließen und das Eindringen von Bakterien zu verhindern. Die altamerikanischen Kulturen haben diesen Milchsaft gesammelt und auch schon verarbeitet. Das Produkt heißt dann Kautschuk, in der Sprache der Ureinwohner *ca-hu-chu* – »der Baum weint«. Wie sie das gemacht haben, ist nicht ganz klar. Man findet in der Literatur das Trocknen der Masse im Rauch von Urucuri-Nüssen, was gleichzeitig eine Stabilisierung bewirkte; durch Zugabe bestimmter Pflanzensäfte soll dann schon bei den Mayas eine Art *Vulkanisation* herbeigeführt worden sein, die den Kautschuk erst voll elastisch macht: Gummi. Irgendwie haben sie es jedenfalls geschafft, aus einer Kautschukmasse einen Gummiball herzustellen, ein wichtiges Requisit für das in ganz Mittelamerika verbreitete ritualisierte Ballspiel – Ritual meint hier nicht dasselbe wie das Anschauen der Bundesliga im Fernsehen, für viele Bundesbürger ein »Ritual«, sondern dass die Verlierermannschaft den Göttern geopfert wurde. Oder auch die Gewinnermannschaft – geopfert zu werden galt als große Ehre. Die Größe der Bälle variierte bei den einzelnen Kulturen vom Tennisball bis zur Fußballgröße von über drei Kilo Gewicht, entsprechend gab es unterschiedliche Spielregeln. Aufgepumpt werden musste keiner dieser Bälle, sie waren alle aus Vollgummi.

Nichtreligiöse Verwendungen gab es auch: Kautschukgefäße, hergestellt durch das Aufbringen der Masse auf einen »verlorenen« Kern aus Ton, der später zerschlagen und in Stücken aus dem Kautschukgefäß herausgeholt wurde. Oder besonders praktisch: Man tauchte die Füße in Kautschukmasse und ließ das Ganze trocknen; eine Art garantiert sitzender Gummistiefel, im feuchten Regenwald eine willkommene Innovation. Ausziehen ging nicht, war aber auch nicht nötig, denn besonders haltbar war die unbehandelte Kautschukmasse nicht. Sie alterte rasch und wurde brüchig. In der Wärme war sie klebrig, in der Kälte hart und steif. Letzteres festzustellen hatten die Maya wohl wenig Gelegenheit, dafür aber die Europäer, die nach der Eroberung der neuen Welt mit dem Kautschuk in Kontakt kamen. Schon Karl V., der Kaiser, in dessen Reich »die Sonne nicht unterging«, hatte Gelegenheit, einer aztekischen Ballspielmannschaft zuzuschauen, herbeigeschafft von Hernán Cortés. Das Interesse an Kautschuk hielt sich die nächsten Jahrhunderte allerdings ebenso in Grenzen wie das an den anderen Produkten der Neuen Welt, wie Kartoffeln oder Tabak, nur nach Gold und Silber waren alle verrückt. Der Spanier Gonzalo Fernandez de Oviedo y Valdes beschreibt 1540 wieder das Ballspiel der Eingeborenen und außerdem die Verwendung von Kautschuk, um Stoffe wasserdicht zu machen. Es dauert aber zweihundert Jahre, bis der erste Wissenschaftler sich mit dem Kautschuk befasst. Das war Charles-Marie de La Condamine, französischer Offizier und »Adjunkt« für Chemie an der Akademie der Wissenschaften. Im Auftrag dieser Institution unternahm er 1735 eine Reise nach Peru, um einen Meridiangrad unter dem Äquator (also auf der südlichen Hemisphäre) zu vermessen, das heißt, die Distanz zwischen zwei Breitenkreisen, die genau ein Grad auseinanderliegen, festzustellen. Daraus erhoffte man sich Erkenntnisse über die wahre Gestalt der Erde, die bekanntlich keine vollkommene Kugel ist, sondern an den Polen abgeflacht und an anderen Stellen ausgebeult. Nun unternahm man im 18. Jahrhundert solche Reisen nicht einfach zwischendurch – man hatte schon Monate auf See verbracht, bevor man den fremden Kontinent überhaupt erreichte. Nach erfolgreicher Durchführung der schwierigen Messungen in großer Höhe zwischen den beiden Hauptkämmen der Anden fuhr La Condamine nicht gleich wieder heim, sondern reiste den Amazonas flussabwärts und erstellte die erste Karte des Stromes, die auf astronomischen Messungen beruhte (GPS des 18. Jahrhunderts …) Dabei hat er sich für Land und Leute interessiert, die bei den indigenen Völkern übliche Blatternimpfung kennengelernt und das Pfeilgift Curare mitgebracht. Er kehrte erst zehn Jahre später wieder nach Paris zurück. In seinen Schriften findet sich die erste fundierte Beschreibung der Kautschukgewinnung und -verwendung, die über rein Anekdotisches hinausgeht.

Die Bezeichnung *ca-hu-chu* hat er überliefert, ebenso den Namen des Baumes, aus dem der Saft gewonnen wird: *hevé*. Danach heißt die Pflanze heute *Hevea brasiliensis*. Schließlich stammt von ihm auch die Bezeichnung *Latex* für den austretenden Saft. Ein Franzose, Francois Fresneau, war von Kautschuk regelrecht fasziniert, er erforschte die Eigenschaften des Materials jahrelang vor Ort und entdeckte, dass die Latexmilch in Terpentin gelöst und über weite Strecken transportiert werden konnte. Das konnte sie in der Naturform nämlich nicht: Die Bezeichnung Milch ist glücklich gewählt, auch wenn La Condamine noch keine modernen Kenntnisse über den molekularen Aufbau haben konnte. Wie das Fett in der Milch ist der eigentliche Kautschuk in Form winziger Kügelchen in Wasser – nein: nicht gelöst, sondern *diskret dispergiert*. Das klingt beeindruckend, beschreibt aber nur die Tatsache, dass diese Kugeln – zwischen 50 Millionstel Millimeter und 2 Tausendstel Millimeter groß – in der Brühe herumschwimmen, ohne miteinander etwas zu tun haben zu wollen; wenn sie aneinanderstoßen, entfernen sie sich wieder, denn sie sind außen alle elektrisch negativ aufgeladen, und gleichnamige Ladungen stoßen sich ab: Die Ladungen kommen von einer Eiweißhülle, in die die Kautschukmasse eingehüllt ist; dieses Eiweiß erfüllt für den Kautschuk dieselbe Funktion wie das Eiweiß, das die Fetttröpfchen in der Kuhmilch stabilisiert. Der Sinn des Ganzen? Das Gemisch bleibt flüssig; das Kalb kann trinken, der Baum seine Verletzungen mit in dünnen Röhren fließender Kautschukmilch abdichten.

Das Eiweiß hat auch einen Nachteil: Es verdirbt rasch, die Kautschukmasse fängt an zu faulen. Davon abgesehen musste man, wenn man die eigentliche Kautschukmasse gewinnen wollte, den Saft irgendwie zum Gerinnen bringen – ähnlich der Verarbeitung von Milch bei der Käsebereitung. Man lässt die Kautschukkügelchen mit Essigsäure *koagulieren*. Früher wurde die Masse auf ein Rundholz aufgeträufelt, das sich über Feuer drehte, es bildeten sich wie beim Baumkuchen des Konditors übereinanderliegende Schichten. Zum Teil wird Kautschuk von Kleinpflanzern auch heute noch so hergestellt. Es entstehen bei dieser Methode wie auch bei höher mechanisierten Verfahren in sogenannten *installations* Kautschukfelle, die man zu 113 Kilo (250 pounds) schweren Ballen zusammenpresst und so verschickt.

Warum dieser Aufwand? Was ist das Besondere am Kautschuk, woraus besteht er? 1770 berichtete der Chemiker Joseph Priestley, der auch den Sauerstoff entdeckt und das Sodawasser erfunden hat, dass man mit Kautschuk Bleistiftstriche ausradieren kann (eine Erfindung, die im Zeitalter des Kugelschreibers etwas an Bedeutung verloren hat), aber es dauerte bis 1826, dass das Multigenie Michael Faraday feststellte, dass Kautschuk aus einem simplen Kohlenwasserstoff der Summenformel C_3H_8 besteht, nämlich aus dem in der folgenden Abbildung:

Man nennt das Molekül *Isopren,* aber auch *2-Methyl-Butadien (1,3).* Die Formel ist nicht so unerlernbar und willkürlich, wie der Name verheißen mag: Man sieht sofort eine zweimal gebogene Kette von vier Kohlenstoffatomen, diese Kette heißt *Butan,* wenn alle übrigen Bindungen mit Wasserstoffatomen abgesättigt sind. Nun enthält aber unser Isopren zwei Doppelbindungen, eine vorn, eine hinten, die nach den Namensregeln mit der Silbe -en bezeichnet werden, zwei davon mit dem Vorsatz di-, also -dien (nach dem griechischen Wort für »zwei«: *dyo*). Dann steht da noch die Klammer (1,3), das liest sich nicht etwa »eins-Komma-drei«, sondern »eins drei« und heißt schlicht, dass die eine Doppelbindung vom Kohlenstoffatom Nummer 1 ausgeht, die zweite vom Atom Nummer 3. Und woher weiß man, welches jetzt das Atom Nummer 1 ist? Man zählt in unserem Fall von links nach rechts, dann steht nämlich schon am zweiten C-Atom der Kette die Methylgruppe (-CH$_3$), wodurch sich die Stellungsbezeichnung 2-Methyl im 2-Methyl-Butadien(1,3) ergibt – würde ich die Kette von rechts nach links nummerieren, dann stünde die Methylgruppe am C-Atom Nummer 3, aber merke: Man zählt immer so, dass möglichst kleine Zahlen rauskommen.

Und was tut jetzt dieses Methylbutadien (ich lasse die Ziffern von jetzt an der Einfachheit halber weg)? Es *polymerisiert*. Das heißt, die beiden Doppelbindungen links und rechts gehen auf, wodurch vier zusätzliche Bindungen frei werden, eine an jedem der vier Kohlenstoffatome. Was machen diese freien Bindungen? Sie versuchen, sich wieder abzusättigen – mit irgendeiner anderen freien Bindung. Für die ganz außen ist es einfach: Die hängen sich an das nächste Molekül, das bei dieser Polymersache auch mitgemacht hat, die Kette wird einfach nach jeder Seite um vier Mitglieder verlängert – und die beiden neu angehängten Moleküle machen es genauso, wodurch die Kette immer länger wird. Das geht so weiter – nein, nicht endlos, aber über dreißigtausend Mal, wobei ein sehr langes, fadenförmiges Molekül entsteht.

Und was passiert mit den offenen Bindungen, die bei den beiden mittleren Bindungen entstanden sind? Die hängen sich wieder aneinander und bilden eine neue Doppelbindung, die jetzt genau dort steht, wo vorher die Einfachbindung war. Das Ergebnis sieht etwa so aus:

cis-Polysopren   trans-Polysopren

Die vielen Wasserstoffatome wurden hier weggelassen. Offenbar gibt es zwei Formen des famosen Kautschuks, eine *cis-* und eine *trans-Form.* Naturkautschuk besteht zu über 99 Prozent aus der cis-Form, die trans-Form bildet das sogenannte *Guttapercha,* der eingetrocknete Milchsaft des in Malaysia heimischen Guttaperchabaumes. Seine Kettenmoleküle sind deutlich kürzer als die des Kautschuks, es ist weniger elastisch, wird aber bei 50 Grad weich. Guttapercha war für das 19. Jahrhundert ungefähr das, was für uns Plastik ist. Die Transatlantik-Telegraphenkabel wurden mit Guttapercha umhüllt, auch Elektroleitungen, da es ein guter Isolator ist. Heute hat seine Bedeutung wegen der Kunststoffe stark abgenommen.

Die wichtigste Eigenschaft des Kautschuks ist die Elastizität. Wie kommt die zustande? Das obige Bild mit der geraden Kette ist eine Idealisierung; in Wirklichkeit bilden diese Riesenmoleküle wild ineinander verschlungene Fadenknäuel. Manche der vielen Doppelbindungen in der Kette gehen auf und reagieren mit einem anderen Fadenmolekül. Wenn ich jetzt das Ganze Bündel auseinanderziehe, können die einzelnen Fäden nicht mehr so aneinander vorbeigleiten, wie das ohne *Quervernetzung* möglich wäre. Ich muss eine bestimmte Kraft aufwenden, um die Ketten leicht zu strecken. Lass ich los, führt die Wärmebewegung dazu, dass die einzelnen Fadenmoleküle wieder die ursprüngliche, ungeordnete Form annehmen: Elastizität! Besonders stark ist sie allerdings nicht ausgeprägt, dementsprechend versuchten schon die Völker Mittelamerikas, den Rohkautschuk durch Räuchern und Pflanzensäfte zu behandeln, um die Elastizität der Vollgummibälle zu erhöhen – sonst gab es keine Spannung beim kultischen Ballspiel (Spielspaß ist angesichts der nachfolgenden Opferriten wohl nicht ganz das rechte Wort …)

Mit dem heutigen Gummi hatte dieses Material aber noch nichts zu tun. Den verdanken wir dem Verfahren der *Vulkanisation,* erfunden vom Amerikaner Charles Goodyear. Goodyear betrieb eine Eisenwarenhandlung in Philadelphia und litt an einer für das 19. Jahrhundert typischen Krankheit, der »Erfinderitis«, die weniger für den Betroffenen als für seine Umgebung eine schwere psychische und finanzielle Belastung darstellte. Im Falle Goodyears hatte sich das manische Interesse auf die Verbesserung des Kautschuks konzentriert; der Mann, chemisch reiner Autodidakt, war überzeugt, dass dies möglich sein müsste. Normaler Kautschuk wird schon bei 30 Grad weich, in der Kälte aber so spröde, dass er leicht bricht. Das war umso ärgerlicher, als verschiedene Patente schon die Riesenmöglichkeiten des Kautschuks ahnen ließen: 1823 erfand Charles Macintosh den später nach ihm benannten Regenmantel, den »Mac«, populär geworden durch Sherlock Holmes, den sein Schöpfer, Arthur Conan Doyle, einen solchen Mantel tragen ließ. Er war im regenreichen England ungemein praktisch. Macintosh hatte zwei Stoffbahnen mit in Benzol gelöstem Kautschuk aneinandergeklebt und so die Wasserdichtheit erreicht. Die ungeheure Popularität dieses Kleidungsstücks ist heute nicht mehr ganz nachvollziehbar – die Kautschukschicht war nämlich nicht nur wasser-, sondern auch hundertprozentig dampfdicht, was bei der geringsten körperlichen Aktivität zu Sauna-Mikroklima führen musste; der Tragekomfort des Macintosh bestand wohl nur darin, dass man nicht mehr vom Regen bis auf die Haut nass wurde, sondern lediglich vom eigenen Schweiß.

Arthur Wellesley wiederum, der erste Herzog von Wellington, hat nicht nur (unter maßgeblicher Mithilfe der Preußen) Napoleon in der Schlacht von Waterloo besiegt, sondern auch den Schnitt britischer Gummistiefel festgelegt, die nach ihm bis heute »Wellies« heißen. (Das *Filet Wellington* hat er nicht erfunden, das heißt nur ihm zu Ehren so.)

Zurück zu Goodyear: 1839 gelang ihm eine der bedeutendsten Entdeckungen der Technikgeschichte, die Vulkanisation von Gummi. Die Legende will, dass ihm ein Stück Kautschuk in flüssigen Schwefel fiel – und trara! – der Gummi war erfunden.

So einfach geht es nicht. Man muss den Schwefel schon mehrere Stunden einwirken lassen. Passender ist daher eine weitere hübsche Erzählung: Goodyear habe die Kautschuk-Schwefel-Mischung, als seine Frau Clarisse früher als gedacht nach Hause kam, schnell im Backrohr versteckt – die Ehefrau hatte gewaltige Vorbehalte gegen die Experimentiererei, die nur Geld verschlang, statt welches einzubringen. Die Familie war so arm, dass Goodyear, einer weiteren Legende zufolge, sogar die Schulbücher seiner Kinder versetzte, um Chemikalien kaufen zu können.

Als er die Masse nach einiger Zweit wieder aus dem Ofen nahm, hatte sich der Kautschuk in etwas Neues verwandelt: in Gummi. Der war deutlich elastischer und behielt diese Eigenschaft in der Hitze wie in der Kälte, wurde weder weich noch spröde, die Widerstandsfähigkeit gegenüber chemischen Agentien hatte bedeutend zugenommen. Was macht der Schwefel mit dem Kautschuk? Er knackt die Doppelbindungen in den Ketten auf, hängt sich dazwischen und bindet so die Ketten quer aneinander.

Vukanisierung
von Kautschuk

Das S in der Formel ist natürlich der Schwefel, der in seiner Naturform einen Ring aus acht Atomen bildet (rechts oben im Formelbild). Der Schwefelgehalt schwankt zwischen 2 Prozent bei Weich- und 30 Prozent bei Hartgummi.

Charles Goodyear war ein Pechvogel. Er ließ sein Verfahren erst 1844 patentieren, also fünf Jahre nach der Entdeckung, da waren ihm andere schon zuvorgekommen, was lange Patentstreitigkeiten nach sich zog. Wenigstens konnte er seine Produkte auf der Weltausstellung 1851 in London präsentieren und erhielt in Frankreich das Kreuz der Ehrenlegion. Geschäftlich hatte er keinen Erfolg, sondern hinterließ bei seinem Tod 200 000 Dollar Schulden. Und die gleichnamige Reifenfirma? Die hatte mit ihm nichts zu tun, wurde erst lang nach seinem Tod gegründet und heißt nur ihm zu Ehren so, ein in der Industriegeschichte wohl einmaliger Vorgang.

Im Verlauf des 19. Jahrhunderts eroberte der vulkanisierte Kautschuk immer mehr Anwendungsbereiche. Zahlreiche Gegenstände des täglichen Bedarfs wurden daraus hergestellt, aber auch Artikel für die Industrie wie Platten, Rohre und Schläuche. Gummi war das, was für uns Heutige Plastik in seinen Spielarten ist. Einen richtigen Boom erlebte das Material aber erst gegen Ende des Jahrhunderts, als der schottische Arzt Dunlop den luftgefüllten Gummireifen für das Fahrrad erfand. Brasilien sah den fantastischen Aufstieg seiner Urwaldstädte wie Manaus, in der sich die Kautschukbarone niederließen und die Stadt mit den Annehmlichkeiten der europäischen Zivilisation ausstatteten: Theater, Oper, Straßenbahn, elektrische Beleuchtung. Zwischen 1830 und 1880 steigt die Jahresproduktion von brasilianischem Kautschuk um den Faktor fünftausend auf 15 000 Tonnen an. Es war bei Todesstrafe verboten, die Samen des Kautschukbaumes auszuführen. Dem Briten Henry Wickham gelang allerdings der Export von 70 000 Stück, die er als Orchideensamen deklariert hatte, nach England, wo man in den Kew Gardens daraus Kautschukpflanzen zog und diese nach Malaysia exportierte. Innerhalb von zwanzig Jahren konnten die dortigen Plantagen 90 Prozent des Weltbedarfs an Kautschuk decken, mit dem brasilianischen Kautschukboom war es zu Ende.

Heute beträgt die Weltproduktion an Naturkautschuk 7,6 Millionen Tonnen, das meiste davon kommt aus Südostasien. Zwei Drittel der Produktion stammt heute von Kleinpflanzern mit unter 40 Hektar Fläche, der Rest aus Großplantagen. *Hevea brasiliensis* braucht das ganze Jahr über 27 bis 30 Grad und etwa 2000 Millimeter Regen pro Jahr.

Sechs Jahre nach der Anpflanzung kann man die Bäume das erste Mal zapfen, bis zu dreißig Jahre lang. Ein Baum gibt bis zu fünf Kilo Kautschuk – pro Jahr! Das sind zweitausend Kilo pro Hektar. Das Zapfen ist reine Handarbeit, man setzt einen schräg nach unten verlaufenden Schnitt, der aber nicht bis zum *Kambium* gehen darf, der Schicht mit den lebensnotwendigen Gefäßen der Pflanze; die kautschukführenden Röhren liegen weiter oben in der Rinde. Der Baum »weint« nun zwei bis vier Stunden, rund hundert Milliliter Milchsaft, der etwa ein Drittel Kautschuk enthält, rinnen in einen Becher. Die Becher werden jeden Tag eingesammelt, auf dem Schnitt bildet sich eine dünne Kautschukhaut, die vor dem nächsten Zapfvorgang abgezogen wird; das geschieht alle zwei Tage. Je nach Breitengrad gibt es zwischen Dezember und Februar eine »wintering season«, die Bäume werfen ihre Blätter zum Teil ab, das Zapfen wird für sechs Wochen eingestellt.

Was macht man aus Naturkautschuk? Hier dürfen Sie einsetzen, was immer Ihre Fantasie mit dem Ausdruck »Gummi« in Verbindung bringt, Matratzen, Dichtungen … und ja, Kondome natürlich auch. Das ist erwartbar.

Aber 60 bis 70 Prozent des Naturkautschuks gehen wegen seiner guten Eigenschaften in Autoreifen! Das Verhältnis von Naturkautschuk zu synthetischem Kautschuk sieht so aus: Rund sieben Millionen Tonnen vom Baum stehen rund zehn Millionen Tonnen aus der Chemie (Stichwort: Erdöl) gegenüber; der Naturkautschuk hat also noch lange nicht ausgedient. In unseren Reifenreklame-Clips erfährt man davon allerdings nichts. Dort ist der Autoreifen ein Über-drüber-Hightech-Produkt – aber der Grundstoff wird zu einem erklecklichen Anteil von schwitzenden Männern und Frauen *eingesammelt*, die den lieben langen Tropentag mit Blecheimerchen durch die Plantage rennen … (ein Zapfer schafft 400 bis 500 Bäume pro Tag). Ein größerer Gegensatz zwischen Anspruch und Wirklichkeit ist kaum denkbar.

Der Kautschukbaum beherrscht heute die Plantagen der großen Produzenten in Asien. Er ist aber nicht die einzige Pflanze mit kautschukhaltigem Milchsaft. Es gibt zweitausend davon. In Afrika die dreißig Meter lang werdende Liane *Landolphia owariensis;* für die Bewohner des Kongo war diese Pflanze das denkbar größte menschliche Unglück. Natürlich nicht die Pflanze selbst, sondern die Ausbeutung ihres Milchsaftes – wohl das düsterste Kapitel der europäischen Kolonialgeschichte. Es ist heute weitgehend vergessen, oder besser: verdrängt, betrifft es doch ein geachtetes Mitglied der Europäischen Union, nämlich Belgien. König Leopold II. hatte bei der Berliner Kongokonferenz von 1885 erreicht, dass das gesamte Kongobecken mit Hinterland als sein Privatbesitz anerkannt wurde. Die in Ostasien angelegten britischen und niederländischen Kautschukplantagen waren noch nicht in Produktion (die Bäume zu jung) – so ergaben sich ein paar Jahre, in denen der Besitzer natürlicher Kautschukvorkommen wahnwitzig reich werden konnte: wenn er sich beeilte und das Einsammeln des Milchsaftes der verstreut wachsenden Lianen organisierte. Wer sollte dieses Einsammeln besorgen? Natürlich die Eingeborenen. Aber wie gesagt: Das musste man richtig organisieren. Jedem Dorf wurde eine Kautschukquote auferlegt. Wer beim Sammelpunkt zu wenig ablieferte, hatte mit Repressionen zu rechnen, zunächst Auspeitschen mit der Peitsche aus Nilpferdleder. Das war demotivierend, es kam zu Aufständen. Es wurde ge- und erschossen. In großem Maßstab. Die teure Munition musste eingeführt werden. Jeder der in die Armee gezwungenen afrikanischen Soldaten bekam die Patronen genau abgezählt. Damit nicht blöd herumgeballert wurde, musste für jede verschossene Patrone die abgehackte rechte Hand des Opfers vorgezeigt werden. Damit die Hände bis zur Kontrolle haltbar blieben, wurden sie geräuchert. Oft hackte man auch Lebenden die Hände ab, um Fehlbestände zu kaschieren, oder man stellte drei oder vier Leute hintereinander und ermordete sie mit einem einzigen Geschoss.

Mit der Zeit stellte sich heraus, dass alle diese Repressionen trotzdem nicht den gewünschten Sammelerfolg garantieren konnten. Also ging die belgische Kolonialverwaltung dazu über, Frauen und Kinder in Geiselhaft zu nehmen. Freilassung erfolgte nur bei ausreichender Kautschukablieferung durch die Männer …

Die sogenannten »Kongogräuel« blieben der Weltöffentlichkeit nicht verborgen. Dem Angestellten einer britischen Reederei, die das Handelsmonopol für den Kongostaat besaß, war aufgefallen, dass zwar Kautschuk in rauen Mengen aus dem Kongo aus-, aber fast nur Waffen und Munition in den Kongo eingeführt wurden. Dieser Mann hieß Edmund Dene Morel, geboren in Paris als Sohn einer französischen Mutter und eines englischen Vaters. Er gehört zu den großen Unbekannten des 19. Jahrhunderts – nicht vergessen, sondern verdrängt. Morel sammelte die Berichte von Missionaren, den einzigen Europäern, die außerhalb der belgischen Verwaltung Zugang zum Kongo hatten. Er gründete die Zeitung »West African Mail« und die »Congo Reform Association«. Unterstützt wurde er von Sir Roger Casement, einem Diplomaten, der im Auftrag der britischen Regierung einen Bericht über die Zustände im Kongo verfasst hatte, den »Casement-Report«. Die Öffentlichkeit in Großbritannien und den USA konnte in dieser ersten Menschenrechtsbewegung des 20. Jahrhunderts so stark mobilisiert werden, dass Leopold II. gezwungen war, 1904 eine eigene Kommission zur Untersuchung der »Kongogräuel« einzusetzen. Obwohl in seinem Sinne handverlesen, konnte die Kommission die überwältigenden Beweise für die Verbrechen nicht übersehen. 1908 war Leopold gezwungen, seinen Kongo an den belgischen Staat zu verkaufen. Das Gebiet hieß danach Belgisch-Kongo. 1910 wurde die Zwangsarbeit abgeschafft, das Ausbeutungssystem blieb aber erhalten. Von 1880 bis 1920 hatte die ursprüngliche Bevölkerungszahl von zwanzig auf zehn Millionen abgenommen – das könnte man doch mit Fug und Recht »Vernichtung durch Arbeit« nennen, ein Begriff, der bisher der nationalsozialistischen Politik vorbehalten ist; tatsächlich besteht ja auch ein gewisser Unterschied: Die Nazis wollten die Juden vernichten, die Arbeit im KZ war ein Nebeneffekt, den Belgiern ging es um die Arbeit, die Vernichtung war der Kollateralschaden …

Interessant ist das weitere Schicksal der beiden Helden Morel und Casement. Bei Casement ist es einfach: Als irischer Patriot stellte er sich beim Osteraufstand 1916 auf die Seite der aufständischen Iren und besorgte beim britischen Kriegsgegner Deutschland

Waffen und Munition. Die Aktion scheiterte, das deutsche Schiff wurde von der englischen Marine gestellt und gesprengt; Casement, zuvor von einem deutschen U-Boot an Land gesetzt, wurde aufgespürt, nach London gebracht und in einem Hochverratsprozess zum Tode verurteilt. Gnadengesuche von Arthur Conan Doyle (der selber eine Anklageschrift zu den »Kongogräueln« verfasst hatte) und Bernard Shaw blieben erfolglos, Casement wurde gehängt. Eine Rolle spielten auch von englischer Seite in Umlauf gebrachte gezielte Gerüchte über Casements angebliche (oder tatsächliche) Homosexualität, die ihn im damaligen gesellschaftlichen Klima unmöglich machten; jedenfalls viele potenzielle Unterstützer eines Gnadengesuchs von der Unterschrift abhielten. In Irland, wohin seine sterblichen Überreste 1965 überführt wurden, ist Roger Casement ein Nationalheld.

Kaum weniger tragisch verlief das Leben von Edmund Dene Morel. Der sah nämlich nicht ein, wieso England in den Ersten Weltkrieg eintreten sollte, da es nur durch Geheimverträge an Frankreich gebunden war und von Deutschland nicht angegriffen wurde. Er machte den Fehler, diese originelle Idee auch öffentlich zu vertreten, und wurde zu sechs Monaten Zwangsarbeit verurteilt, die seine Gesundheit für immer ruinierte. Die britische Öffentlichkeit sah das ebenso als gerechtfertigt an wie die treibende Kraft hinter der Anklage, ein gewisser Winston Churchill, der – sagen wir es einmal so: gegen alles Deutsche eine lebenslang während Allergie entwickelt hatte. Nach dem Ersten Weltkrieg war Morel ein führender Politiker der Labour-Party, er starb aber schon 1924 und geriet bald in Vergessenheit. Es sollte fast neunzig Jahre dauern, bis die interessante Überlegung von der Neutralität Großbritanniens wieder aufgegriffen wurde, nämlich vom Historiker Neill Ferguson in seinem Bestseller: »Der falsche Krieg. Der Erste Weltkrieg und das 20. Jahrhundert.« Sein Fazit: Ohne England und Amerika als Gegner hätte Deutschland den Krieg wahrscheinlich gewonnen – und das Vereinigte Königreich seine Kolonien behalten; wir sähen uns heute einer ganz anderen Welt gegenüber.

Die »Kongogräuel« sind in Vergessenheit geraten, ihre Aufarbeitung verläuft – nun, zögerlich. Die aktuelle Position vermittelt ein belgischer Offizieller in dem (ebenfalls belgischen) Dokumentarfilm »Weißer König, roter Kautschuk, schwarzer Tod« von Peter Bate: Man muss das alles aus der Zeit heraus verstehen und die anderen haben ja auch … Aha. Bestehen bleibt aber die Wertsteigerung der Aktien der betreffenden belgischen Firma um – halten Sie sich fest! – fünfundzwanzigtausend Prozent. Diese nach Europa transferierten Summen müssten doch noch irgendwo sein, oder?

Wie sind wir überhaupt auf das unerfreuliche Thema gekommen? Ach so, wegen des Gummis … Der nahm von 1880 bis 1914 einen gewaltigen Aufschwung. 1886 fuhren die ersten Autos, Dunlop erfand den luftgefüllten Reifen – gerade rechtzeitig, denn der ist für die Entwicklung des Individualverkehrs genauso wichtig wie der Explosionsmotor: Ein Auto ohne Gummireifen müsste mit Spurkranzrädern auf Schienen fahren – mit Schmalspurbahnanschluss an jedes Haus. Das wäre in Europa vermutlich sogar machbar gewesen, unsre Welt sähe nur anders aus. In den USA, wo das Auto mit der »Tin Lizzy« des Henry Ford 1908 seine Massenkarriere erlebte, war die Individualschiene wegen der riesigen Entfernungen keine Option; das Auto war auf den noch wenig befestigten Straßen einfach auf Luftfederung der Reifen angewiesen – schon mit den 20 km/h für das »T-Modell« war es mehr als doppelt so schnell wie eine Pferdekutsche. Kein Holzrad mit Eisenbeschlag hätte einen eine Fahrt bei dieser Geschwindigkeit aushalten lassen.

Ein Jahr nach Einführung des »T-Modells« erfand der deutsche Chemiker Fritz Hofmann (mit dem im Anilin-Kapitel erwähnten weder verwandt noch bekannt) einen künstlichen Kautschuk. Angetrieben wurde seine Forschungsarbeit durch die fantastischen

Preise, die der Naturkautschuk mittlerweile erzielte: rund 25 Goldmark pro Kilo, das entsprach dem Wochenlohn eines Arbeiters. Grund der Kautschuk-Hausse war der riesige Bedarf seitens der Autoindustrie.

Das Patent Hofmanns wurde nie genutzt: Der Ausgangsstoff *Isopren* war in der Herstellung viel zu teuer, außerdem brauchte die *Polymerisation*, das Aneinanderhängen der Isoprenmoleküle zu langen Ketten, vierzehn Tage. Hofmann stieg auf einen Verwandten um: *Dimethylbutadien*. Der war billiger zugänglich, das Produkt hieß *Methylkautschuk*. Warum? Weil der »richtige« Kautschuk aus Methylbutadien (Isopren) aufgebaut ist, also nur eine Methylgruppe enthält, der »nachgemachte« aber zwei Methylgruppen enthält, also eine mehr – daher Methylkautschuk. Reifen aus diesem synthetischen Kautschuk hielten immerhin 4000 Kilometer, bis sie abgefahren waren. Kaiser Wilhelm II., allem Neuen stets aufgeschlossen, ließ sein Auto mit Reifen aus Methylkautschuk bestücken.

Den Gummibaronen der tropischen Welt blieb die drohende Gefahr nicht verborgen. Sie senkten innerhalb weniger Jahre den Preis des Naturkautschuks auf fünf Mark pro Kilo, damit konnte das Produkt aus dem Labor nicht konkurrieren. Gleichzeitig bedeutet diese enorme Preissenkung, dass der Kautschuk wohl nicht »auf Kante« gerechnet war; übertriebene Lohnkosten scheinen keine Rolle gespielt zu haben.

Der Erste Weltkrieg brachte eine kurze Renaissance des Methylkautschuks; in diesem Krieg wurde zwar immer noch mit der Eisenbahn gefahren und dann marschiert, für Spezialzwecke gab es aber schon Autos, Lastwagen und Sanitätsfahrzeuge zum Beispiel. Das deutsche Reich war von jeder natürlichen Kautschukquelle völlig abgeschnitten, da kam nichts herein, null, zero … Rund zweitausendfünfhundert Tonnen Methylkautschuk halfen mit, den Weltkrieg zu verlieren.

Für den Zweiten Weltkrieg brauchte man eine billigere Kaut-schukquelle, sonst konnte man die ganze Sache von vornherein vergessen, dieser Krieg, das war allen Militärs klar, würde motori-siert geführt werden. Die deutsche Industrie bemühte sich nach Kräften, einen brauchbaren Kautschuk zu entwickeln, 1929 war es so weit: *Buna* trat ans Licht der Öffentlichkeit. Der Name ist eine Zusammensetzung von *Butadien* und *Natrium*. Letzteres dient der Polymerisation des Butadien – und das Butadien enthält, wie uns jetzt auffällt, überhaupt keine Methylgruppen mehr.

Vier Kohlenstoffatome, die beiden Doppelbindungen, die Wasser-stoffatome sind hier der Abwechslung halber eingezeichnet, die Kohlenstoffatome aber nicht. Das 1929 vom Chemiker Walter Bock entwickelte *Buna S* enthält allerdings nicht nur Butadien, sondern noch 30 Prozent Styrol:

Die Doppelbindung in der Seitenkette geht auf; so fügen sich die Styrolmoleküle in die Kette der Butadienmoleküle ein, Styrol ver-bessert die Eigenschaften des entstehenden Kautschuks, der beson-ders für die Reifenherstellung geeignet war.

Woher bekam man nun die Ausgangsstoffe? Styrol war im Stein-kohlenteer enthalten, Butadien nicht. An dieser Stelle kommt eine Substanz ins Spiel, die wir heute nur noch als Schweißgas kennen: *Acetylen*. Es hat die einfache Formel C_2H_2, besteht also nur aus zwei Kohlenstoff- und zwei Wasserstoffatomen, was gleichzeitig bedeu-tet, dass zwischen den Kohlenstoffatomen eine Dreifachbindung existiert – denn irgendwie müssen die grundsätzlich vorhandenen vier Bindungen des Kohlenstoffs ja untergebracht werden: drei für das Nachbar-C-Atom, eine für den Wasserstoff:

$$H-C \equiv C-H$$

Für Deutschland stellte dieses einfache Molekül den Schlüssel zu seiner Großchemie dar; es war auch der Grund, warum der Zwei-te Weltkrieg überhaupt geführt werden konnte. Acetylen macht man aus *Karbid*, einem grauen Pulver, das sich wiederum aus Koh-le und Kalk herstellen lässt. Mit Wasser wandelt sich das Karbid in Acetylen und Calziumhydroxid um, eine Reaktion, die früher in Fahrradlampen ablief – das entstehende Acetylengas verbrennt nämlich mit einer sehr hellen Flamme. Grubenlampen für Höh-lenforscher machen es heute noch so, die Karbidlampen sind al-len elektrisch betriebenen, wie man mir versichert hat, weit über-legen.

Das Acetylen ist aber auch Ausgangsstoff für einen ganzen Rat-tenschwanz von Substanzen, die von Ländern, die über reichlich Erdöl verfügen, daraus hergestellt werden können – vom national-sozialistischen Deutschland aber zum Beispiel nicht. Ich will die recht verwickelten Reaktionen hier nicht nachzeichnen – letztlich brauchte man für den künstlichen Reifengummi nur Kohle und ei-ne Menge Energie (auch aus Kohle gewonnen). Deutschland war dazu bereit, auch wenn die Wirtschaftlichkeit der Verfahren bei Weitem nicht erreicht werden konnte. Das war aber egal, wie aus

einer geheimen »Denkschrift« über die Aufgaben eines Vierjahres-
planes hervorgeht, die Adolf Hitler 1936 verfasst hatte:

»Es ist ebenso augenscheinlich die Massenfabrikation von synthetischem Gummi zu organisieren und sicherzustellen … Die
Frage des Kostenpreises dieser Rohstoffe ist ebenfalls gänzlich be-
langlos, denn es ist immer noch besser, wir erzeugen in Deutschland teurere Reifen und können sie fahren …«

Die Sache mit dem Gummi hatte er also begriffen. Die USA taten sich da schon schwerer. 1939 verbrauchten sie 53 Prozent des
in der Welt erzeugten Naturkautschuks, im Jahr 1941 verbrauchte
die amerikanische Wirtschaft 790 000 Tonnen Kautschuk. Durch
die raschen Kriegsfortschritte der Japaner fiel der ganze ostasiatische Raum als Gummiproduzent mit einem Schlag weg, Amerika
musste sich gewaltig auf die Hinterbeine stellen, um diesen »rub-
ber gap« zu überwinden. Der Kongress zwang die »Standard Oil
of New Jersey«, bei der die deutschen Patente für Buna S lagen,
diese Unterlagen freizugeben. (Die Firma hatte sich wegen eines
Abkommens mit der I.G. Farben geweigert, das zu tun!) Überall
im Land entstanden Fabriken zur Produktion von synthetischem
Kautschuk. In Deutschland wurde das erste Werk in Schkopau
gegründet, es folgten weitere drei Werke, das dritte im Konzen-
trationslager Auschwitz III Monowitz verschlang 25 000 Zwangs-
arbeiter und konnte doch nicht fertiggestellt werden.

Deutschland steigerte die Buna-S-Produktion bis 1944 auf
97 000 Tonnen, die USA die ihre dagegen auf 691 000 Tonnen.
Die Zahlen sagen schon einiges über die wirtschaftliche Leistungsfähigkeit der Kriegsgegner.

Das ist ein langes Kapitel geworden.

Und ein merkwürdiges: So unterschiedliche Personen wie Leopold II. von Belgien und Adolf Hitler kommen darin vor, Wissenschaftler wie Charles-Marie de La Condamine, Erfinder wie
Charles Goodyear.

Dass es so relativ düster wurde, war nicht beabsichtigt; es liegt auch nicht in der Natur des Gummis, sondern an seiner Geschichte, mit der sich sehr hübsch die Geschichte einer Schwäche des Menschen illustrieren lässt: seiner Gier.

Coffein

Eine imposante Formel, oder? Da Coffein eine der wichtigsten Substanzen ist, die auf dieser Erde existieren, lohnt sich wohl ein etwas genauerer Blick. Wie die meisten organischen Stoffe hat Coffein mehrere Namen. Einer davon ist *Trimethylxanthin* – tatsächlich hängen ja drei Methylgruppen dran (CH_3-): eine links oben, eine rechts oben, eine unten. Das *Xanthin* ohne die drei Methylgruppen trägt an ihrer Stelle jeweils ein Wasserstoffatom (H).

Xanthin wurde 1817 vom Schweizer Arzt Alexandre John Gaspard Marcet in einem Blasenstein entdeckt. Es ist ein farbloser Feststoff, der Name kommt aber vom griechischen *xanthos*, das heißt »gelb« und bezieht sich auf eine Farbreaktion, die *Murexid-Reaktion*, die man ausführt, um Harnsäure nachzuweisen; die zeigt eine intensiv blaue Farbe, Xanthin dagegen eine tiefgelbe. Xanthin wird im Körper zu Harnsäure abgebaut, die wiederum … nein, so geht das nicht!

Im ganzen 19. Jahrhundert tummeln sich Naturforscher unterschiedlicher Nationalitäten, untersuchen alle möglichen Naturstoffe und gewinnen Reinsubstanzen, denen sie dann mehr oder weniger vernünftige Namen geben. Die haben meistens griechische oder lateinische Wurzeln, weil besagte Naturforscher im Gymnasium mit den klassischen Sprachen bis zum Abwinken traktiert worden sind. Was Chemiker von ihrer mitleidigen Umgebung oft gefragt werden: »Wie merkst du dir bloß das ganze Zeug?« Gemeint sind die Strukturformeln, Coffein ist nur ein Beispiel.

Man baut logisch auf und fängt mit dem Einfachen an. Benzol, bekannt aus dem Anilin-Kapitel.

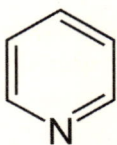

Die Ecken sind Kohlenstoffatome, die Wasserstoffatome stehen nach außen ab. Im Anilin-Kapitel wurde eines davon durch eine Aminogruppe ersetzt (NH_2-), da entstand eben das Anilin. Gibt es auch einen Stoff, wo der Stickstoff im Ring selber einen Kohlenstoff ersetzt? Gibt's. Sieht so aus:

Und heißt Pyridin. 1849 hat es ein Herr namens Anderson durch Destillation von Knochenöl erhalten. (Auf Ideen kommen die Leute … Knochenöl, wie das stinkt!) – Na, und zwei Stickstoffatome im Sechserring, gibt's das auch?

Voila!

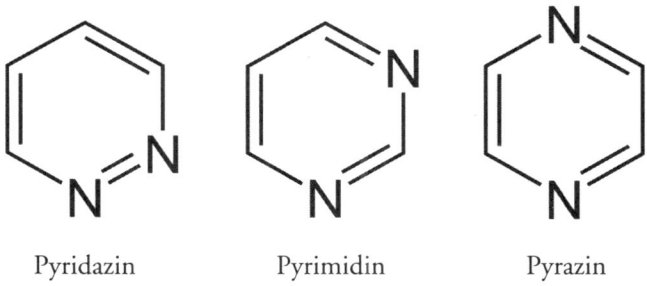

Pyridazin   Pyrimidin   Pyrazin

Es gibt auch welche mit drei oder vier Stickstoffatomen, was uns hier nicht interessiert – was wir aber brauchen, ist jetzt noch ein Fünferring mit zwei Stickstoffen:

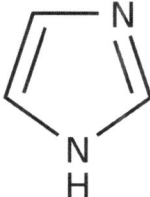

Das Ding heißt *Imidazol*. Auch da gibt es noch eine andere Form, bei der die Stickstoffe direkt nebeneinander stehen – aber uns interessiert jetzt nur das *Imidazol*: das »leimen« wir jetzt mit seiner linken Seite an die rechte Seite des *Pyrimidins*:

Schon wieder was Neues: Das Ding nennt sich *Purin.* Spielerei?
Kann man so nennen: Spielerei der Natur. Die Evolution des Lebens hat sich nämlich vor vier Milliarden Jahren dafür entschieden,
dass aus Abkömmlingen *(Derivaten)* von *Pyrimidin* und *Purin*
fortan der »Bauplan des Lebens« aufgebaut werden soll, die berühmte *DNS (Desoxyribonucleinsäure),* und zwar zusammen mit
einem Zucker und einer ordentlichen Portion Phosphorsäure; und
zwar vom hinterletzten Archäbakterium bis zur Krone der Schöpfung immer dieselben Substanzen, nämlich die Genossen Adenin,
Guanin, Cytosin und Uracil – aber die lassen wir jetzt beiseite und
fragen nur, was man am Purin noch verändern könnte. Zum Beispiel könnte man die restlichen Kohlenstoffatome oxidieren lassen, also mit Sauerstoff verbinden. Davon gibt es noch genau drei
(die beiden in der Mitte nicht – wenn man die auch oxidiert, fällt
das Molekül auseinander, und das wollen wir doch nicht). Führen wir die Oxidation aber an den zwei im Sechserring durch –
dann haben wir das schon erwähnte Xanthin:

Was geht jetzt noch – systematisch? Man könnte jetzt wieder außen herum etwas verschönern und die Wasserstoffatome zum Bei-

spiel durch Methylgruppen ersetzen. Macht man das bei allen drei-
en, ergibt sich der Ausgangspunkt unserer Reise: Coffein.

Das Ersetzen und Anleimen sind hier rein formale Begriffe, die dazu dienen, sich zu merken, wie die Substanzen strukturell zusammenhängen. Es ist eine Sache auf dem Papier. Die tatsächliche
Synthese dieser Verbindungen geht in aller Regel ganz andere Wege – der Unterschied ist ähnlich wie der zwischen einer Architek-
turzeichnung und der physischen Errichtung eines Gebäudes;
Schalen, Betonieren, Mauern, Verputzen und so weiter. Wie man
jedenfalls sieht, ist Coffein mit wichtigen Molekülen der Evolution des Lebens auf diesem Planeten verwandt. Die Wirkung des
Coffeins hängt ganz eng mit seiner Struktur zusammen. Es gleicht
dem *Adenosin*, das im Zellstoffwechsel eine wichtige Rolle spielt.

Der rechte obere Teil wäre das schon erwähnte *Adenin*, ein *Purin* mit angehängter Aminogruppe. Der linke untere Teil ist ein Zucker, die *Ribose*. Das Adenosin ist nicht nur Bestandteil einer der vier Buchstaben, aus denen der genetische Code besteht, sondern hat gewissermaßen noch einen Nebenjob: Es lagert sich bei Nervenzellen an bestimmte Stellen *(Rezeptoren)* an, was etwa die Wirkung hat »jetzt macht mal halblang«, also eine Dämpfung der Aktivität. Coffein passt auf dieselben Rezeptoren und blockiert sie dadurch für das Adenosin – aber eine dämpfende Wirkung hat das nicht; das Adenosin kann seine beruhigende Wirkung nicht ausüben, die Folge ist jene angenehme Erregung, die alle Coffeinliebhaber suchen. Plus die unangenehmeren Begleiterscheinungen bei Überdosierung wie Schlaflosigkeit, Nervosität. Das Coffein spielt seine Rolle also aufgrund der Tatsache, dass die Natur an der Purinstruktur einen Narren gefressen hat und diese an wichtigen wie weniger wichtigen Stellen des Organismus zum Zuge kommt. Die universelle »Energiewährung« der Zelle, das *Adenosintriphosphat*, besteht zum Beispiel aus Adenosin und drei angehängten Molekülen Phosphorsäure. Wenn etwas der Natur so wichtig ist, sollte es uns das auch sein – deshalb dieser kleine Exkurs in die Strukturen.

Der Erste, der Coffein in reiner Form in Händen hatte, war der aus dem Anilin-Kapitel bekannte Friedlieb Ferdinand Runge. 1820 erhitzte er Kaffeebohnen und fing den dabei entstehenden Dampf auf. Angestiftet dazu hatte ihn der Geheimrat Goethe, auch eine Schachtel mit Kaffeebohnen hatte er ihm zur Analyse überlassen. Der junge Runge schrieb an der Universität Jena seine Dissertation über die *Belladonna* (Tollkirsche). Dabei untersuchte er die noch heute benutzte pupillenerweiternde Wirkung des Wirkstoffs Atropin. Sein Lehrer Johann Wolfgang Döbereiner ermunterte ihn, diesen Effekt Goethe vorzuführen, weshalb sich Runge im Oktober 1819 »mit einer Katze unter dem Arm« zu Goethe aufmachte – das eine Auge der Katze war mit Belladonnasaft behandelt, das andere nicht. Goethe war beeindruckt und schenkte Runge zum Abschied die Schachtel mit den damals noch kostbaren Bohnen: Er solle doch prüfen, ob der Stoff darin sich nicht als Gegengift zur Belladonna verwenden ließe. Hier irrte Goethe …

Coffein kommt natürlich im Kaffee vor. Der Kaffee stammt von einem Strauch, der sich zu einem zehn Meter hohen Baum auswächst, wenn man ihn lässt. In den Plantagen beschränkt man die Höhe auf zwei bis vier Meter. Der Strauch bringt rote Kirschen hervor, ihre Samen sind die eigentlichen Kaffeebohnen. Die Ernte erfolgt von Hand, mit aufwendigen Verfahren entfernt man die fleischige Hülle und verschiedene Häute, bis der Samen freiliegt – der muss dann noch geröstet werden. Der Kaffee ist zwar das Geschenk Arabiens an die Welt, wird aber heute zwischen dem 25. Grad nördlicher und südlicher Breite angebaut. In der Geschichte des Kaffees gibt es Konstanten: Er wird in Kaffeehäusern angeboten und gemeinschaftlich getrunken – auch wenn die moderne Kaffeereklame auf einzeln lebende Menschen abgestellt ist (Kaffee als Tröster der Einsamen), so gehört sein Genuss historisch gesehen in ein soziales Umfeld. Wer Kaffee trinkt, will auch reden, sich mit anderen unterhalten. Kaffee und Kaffeehaus gehören von Anfang an zusammen. Eine weitere Konstante der Kaffeeausbreitung: Die Regierenden sind zuerst einmal dagegen. Die ersten Kaffeehäuser gab es in Mekka, berühmt wurden die von Konstantinopel und Damaskus. Ende des 16. Jahrhunderts hätte die Geistlichkeit fast die Einführung des Kaffees in Italien verhindert – es sei ein Teufelsgebräu, was man ja schon an der schwarzen Farbe und der islamischen Herkunft ersehe. Papst Clemens VIII. hat der Kaffee aber geschmeckt, ab da war er zulässig. In keinem Kaffeebuch der letzten hundert Jahre fehlt die Ursprungslegende von den Ziegen in der äthiopischen Provinz Kaffa, die um das Jahr 850 herum von Blättern und Früchten des Kaffeestrauchs gefressen hätten und dann munter und fidel die ganze Nacht herumgesprungen seien, während die anderen Ziegen, die den Kaffeestrauch verschmähten, müde wurden. Den Hirten sei der Unterschied aufgefallen, sie entdeckten den Strauch und meldeten die merkwürdige Sache den Mönchen eines nahe gelegenen Klosters; diese Mönche, heißt es, hätten dann gelernt, aus den kirschartigen Früchten einen Aufguss zu bereiten, nach dessen Genuss sie nächtelang wach bleiben und beten konnten … Eine so hübsche Geschichte, dass man sie gern nacherzählt – und keinen Gedanken an die sachlogischen Probleme verschwendet, die der Erzählung anhaften wie Teer. Zunächst: Wie sollen die Hirten herausgefunden haben, welche Ziege was gefressen hat? Haben sie daneben gestanden? Das Ganze erinnert eher an ein Laborexperiment (mit Kontrollgruppe), aber nicht an das reale Hirtendasein. Außerdem war die Landschaft von Kaffa im 9. Jahrhundert ein artenreicher Regenwald, nicht das abgeholzte Trockengebiet, das wir heute mit Äthiopien verbinden. Da gab es Futter jeder Art – Ziegen sind sogenannte *Selektierer*, das heißt, sie fressen von allem ein bisschen, auch eher ungewöhnliche Sachen wie Baumrinde, die von anderen Tieren verschmäht werden. Wie man ausgerechnet bei frei weidenden Ziegen die Aufnahme einer bestimmten Pflanze feststellen will, ist mir ein Rätsel.

Aber ob die Geschichte stimmt, ist auch nicht so wichtig. Der Kaffee kam erst fünfhundert Jahre nach seiner vermuteten Entdeckung als Genussmittel nach Arabien – und verbreitete sich dort überraschend langsam. In Mekka taucht der Kaffee 1511 auf, in Kairo 1532. »Der Wein des Islam« – wie es in populären Darstellungen heißt, eine Legende verpflichtet sogar den Erzengel Gabriel, der den Propheten mit Kaffee versehen haben soll, um ihn von einem Erschöpfungszustand zu heilen. In Wahrheit standen die islamischen Behörden dem Kaffee ambivalent bis kritisch gegenüber. Der Kaffeegenuss wurde mehrfach verboten, dann wieder stillschweigend geduldet. Schließlich bedeutet das arabische *qahwa*, von dem sich unser Wort »Kaffee« ableitet, auch »Wein«. Sultan Murad IV. ließ im frühen 17. Jahrhundert Kaffeetrinker mit dem Tode bestrafen; ebenso verboten waren Wein, Opium und Tabak. Kaffeehäuser tarnten sich als Barbierläden. Der Kaffee setzte sich in der islamischen Welt aber doch allmählich durch, weil die Menschen ihn gern tranken.

Der Siegeszug des Kaffees durch die ganze Welt setzt nach der zweiten, ebenso häufig wie die mit den putzmunteren äthiopischen Ziegen kolportierten Legende mit dem Abzug der Türken nach der gescheiterten Belagerung von Wien ein. 1683 war das; der polnische Spion Georg Franz Kolschitzky soll sich als Belohnung für geleistete Kurierdienste aus der ungeheuren Türkenbeute fünfhundert Sack Kaffeebohnen erbeten und 1686 das erste Wiener Kaffeehaus eröffnet haben. »Zur blauen Flasche« hat es geheißen – hier stock ich schon, was hat bitte eine blaue Flasche mit Kaffee zu tun? Die Sache ist ebenso legendär wie der Ursprung der Krapfen – erfunden von einer Wiener Bäckerin mit Namen, jawohl, Cäcilie Krapf. Nicht legendär, sondern urkundlich belegt ist die Gründung des ersten Kaffeehauses in Wien durch den Griechen Johannes Theodat am 17. 1. 1685 in der heutigen Rotenturmstraße 14. Bis 1700 folgten weitere 4 »Privilegien« für Kaffeehäuser, 1804 gab es davon 89, nach dem Wiener Kongress stieg die Zahl auf 150 – um 1900 schließlich auf 600! Den Höhepunkt erreichte Wien 1938 mit 1283 Kaffeehäusern, die Zahl nahm bis in die neunziger Jahre dann wieder auf 584 ab. – Allerdings war Wien nicht die Geburtsstätte des Kaffeehauses. Solche gab es schon Jahrzehnte früher in Venedig, London, Marseille und Paris. Auch in Norddeutschland war der Kaffee schon vor 1685 verbreitet, aber es kommt nicht darauf an, wo nun genau die ersten Kaffeehäuser ihre Pforten öffneten. Wichtig ist vielmehr, dass nach dem Dreißigjährigen Krieg gegen Ende des 17. Jahrhunderts bei den Genussmitteln einsetzt, was man heute einen Paradigmenwechsel nennt: Tee und Kaffee lösen allmählich den Dauerkonsum alkoholischer Getränke ab. Das ist nicht einfach der Übergang vom Kalt- zum Heißgetränk, sondern er geht auch mit einem Mentalitätswechsel einher.

Die Eliten werden nüchtern.

Nicht dauernd und für immer, aber doch für beträchtliche Spannen der Tages- und Nachtzeit. Die Wirkung auf die Stimmung, auf Fühlen und Denken sind dramatisch. Alkohol ist ein Betäubungsmittel, Coffein wirkt anregend. Alkohol schläfert ein, Coffein weckt auf. Europa wird wach. Im wörtlichen wie im übertragenen Sinn. Man könnte leicht die Errungenschaften der Moderne, den Fortschritt in den Wissenschaften, das Aufblühen der Mathematik, besonders aber das Entstehen politischer Emanzipationsbewegungen mit dem Konsum coffeinhaltiger Getränke in Zusammenhang bringen. Aber so einfach scheint der Zusammenhang dann doch wieder nicht zu sein: Die Renaissance als erste Blüte des europäischen Individualismus und der Selbstbestimmung hatte ihre Hochzeit noch in finsteren alkoholischen Zeiten; die bedeutendsten Kunstwerke des Abendlandes wurden unter der Herrschaft von Wein und Bier geschaffen. Wenn man den ersten Höhepunkt bürgerlicher Emanzipation in der Tötung des Königs erblicken will, so reicht dieses Ereignis, die Hinrichtung Charles I. im Jahre 1649, nur knapp an das beginnende Coffeinzeitalter heran: Das erste Londoner Kaffeehaus hat erst drei Jahre später aufgemacht; Kaffee oder Tee haben bei diesem Todesurteil schwerlich Einfluss ausgeübt. René Descartes starb 1650; er nahm auf katholischer Seite am »Deutschen Krieg« teil, hat sich später erfolgreich duelliert. Außerdem die analytische Geometrie begründet, die Philosophie erneuert und so weiter. Kaffee getrunken hat er nicht.

Die große Zeit des Kaffees beginnt mit dem 18. Jahrhundert. Er wird zum Getränk der Aufklärung, des aufstrebenden Bürgertums, das Kaffeehaus zum eigentlichen Ort seiner Emanzipation.

In den Hauptstädten Europas entstehen berühmte Kaffeehäuser, die zum Teil noch heute existieren. Von dort dringt das schwarze Gebräu in den häuslichen Bereich vor; die Konsumgewohnheiten ändern sich. Zum Frühstück Kaffee zu trinken, erscheint uns Abendländern ganz natürlich, Debatten entstehen zwischen den Nationen nur über die Art der Zubereitung. Bis ins 18. Jahrhundert begann der Tag noch nach Sitte des Mittelalters mit einer Biersuppe oder Brot und Schinken, dazu wurde selbstverständlich Wein oder Bier getrunken, der mehr oder weniger milde Rausch des Vortags »aufgewärmt«. Könnten wir in einer Zeitmaschine und einem Alkometer in jene alkoholfeuchten Zeiten reisen, so frage ich mich, ob wir in Stadt und Land einen einzigen Menschen mit null Promille angetroffen hätten …

In der Rückschau des 19. Jahrhunderts verklärt der französische Historiker Jules Michelet (der den Ausdruck »Renaissance« geprägt hat) den Kaffee als Antrieb der Aufklärung und Emanzipation des Bürgertums: »Der Kaffee, dieses nüchterne, stark geistige Elixier, das ganz im Gegensatz zu den alkoholischen Getränken die Klarheit und Scharfsichtigkeit steigert. Der Kaffee, der die nebelhaften Imaginationen vertreibt, der aus der klar gesehenen Wirklichkeit den Funken der Wahrheit hervorschießen lässt … Der starke Kaffee von Santo Domingo, der von Buffon, von Diderot, von Rousseau getrunken wurde, erhitzte die heißen Herzen noch mehr und schärfte den Blick der Propheten, die an ihrem Zufluchtsort, dem ›Procope‹, versammelt waren, und die auf dem Grund des schwarzen Tranks den Zukunftsstrahl von '89 erblickten.« Das »Procope« ist ein berühmtes Pariser Kaffeehaus, gegründet 1686. Es besteht noch heute. Der Staatstheoretiker Montesquieu hatte das umstürzlerische Potenzial des Kaffees schon viele Jahre vorher angeprangert: »Wenn ich Herrscher dieses Landes wäre«, schrieb er, »würde ich die Kaffeehäuser schließen, denn denjenigen, die diese Orte aufsuchen, erhitzen sich die Köpfe gar sehr.

Ich sähe sie sich lieber in den Wirtshäusern betrinken: zumindest würden sie dabei nur sich selbst schaden, während der Rausch, den sie vom Kaffee bekommen, sie zu einer Gefahr für die Zukunft des Landes macht.« Tatsächlich ging ein Anstoß zur Revolution dann auch von einem Kaffeehaus aus: Am 12. Juli 1789 bestieg Camille Desmoulins im Garten des Café du Foy einen Tisch, schwang seinen Degen und rief in die Menge: »Zu den Waffen!« Die Revolution nahm ihren Lauf.

Kaffee ist wahrscheinlich das wichtigste Genussmittel des Abendlandes. In einer Tasse Kaffee sind je nach Zubereitung zwischen 50 und 150 Milligramm Coffein enthalten, die tödliche Dosis liegt übrigens bei 11 Gramm der reinen Substanz, das entspräche über 100 Tassen Kaffee auf ein Mal. Kaffee enthält aber noch andere Substanzen, zum Beispiel *Kahweol* und *Cafestol*, dessen Struktur in den fünfziger Jahren übrigens von Carl Djerassi aufgeklärt wurde – das ist der Mann, der die »Pille« erfunden hat. Die beiden Kaffeeinhaltsstoffe schützen vor Dickdarmkrebs – so das überraschende Resultat von Tierversuchen, in denen man chemische Krebsauslöser verfüttert hat, woraufhin sich Vorstufen von Dickdarmkrebs bildeten: Darauf wurden die Kaffeeinhaltsstoffe verfüttert, und die Geschwülste in Dickdarm und Leber gingen wieder zurück. Allerdings sollte man den Kaffee als Espresso trinken, beim Filterkaffee bleiben die Schutzstoffe leider im Filter hängen. Die beiden Stoffe stimulieren außerdem ein Entgiftungssystem in der Leber, wodurch ganz allgemein die Widerstandsfähigkeit gegen Gifte erhöht wird. Das Koffein verhindert das Absinken des Botenstoffes Dopamin im Gehirn, Kaffeegenuss senkt demnach das Risiko, an Parkinson zu erkranken. Die Röststoffe des Kaffees reizen manchmal die Magenschleimhaut; wenn man den Kaffee mit Milch trinkt, bleiben diese Stoffe länger im Magen, wer einen empfindlichen Magen hat, sollte auf die Milch also verzichten! Den Blutdruck kann man mit Kaffee übrigens nicht erhöhen.

Kaffee ist nach Wasser das am meisten konsumierte Getränk der Welt: 400 Milliarden Tassen jedes Jahr. Seit den Siebzigerjahren wird in vielen Medien und offiziellen Statistiken die Behauptung ventiliert, Kaffee stehe bei den Handelsgütern an zweiter Stelle nach dem Erdöl – eine unausrottbare Legende. Kaffee steht wertmäßig allerdings an zweiter Stelle nach Erdöl bei den Produkten, die von den Entwicklungsländern produziert werden. Viel wichtiger als der nominelle Wert der Exporte: Circa fünfundsiebzig Millionen Menschen auf der Welt leben in der einen oder anderen Form vom Kaffee!

Von den 66 Arten der botanischen Gattung *Coffea* werden nur zwei kommerziell genutzt: *Coffea robusta*, ein Baum, der am besten im warm-feuchten Klima gedeiht. Seine Samen enthalten bis zu 2,8 Prozent Koffein. Dagegen erreicht der Koffeingehalt von *Coffea arabica* nur 1,5 Prozent. Allerdings schmeckt diese Sorte viel besser, ist auch viel teurer.

Den unvergleichlichen Geschmack erhält der Kaffee erst durch das Rösten der Bohnen. Dabei verbinden sich bei Temperaturen bis zu 240 Grad die Zucker mit den Aminosäuren. Die Hauptprodukte sind bräunliche Substanzen mit einer Geschmacksrichtung zwischen süß und bitter, daneben entstehen Hunderte von Nebenprodukten, die alle irgendwie zum Geschmack beitragen. Durch das Rösten werden aber auch unerwünschte Stoffe abgebaut; in ärmeren Ländern, wo man sich nur billige Sorten leisten kann, überwiegt deshalb langes Rösten – bis 40 Minuten, wobei allerdings auch erwünschte Geschmacksstoffe verschwinden. Ergebnis ist eine fade und bittere, aber wenigstens koffeinhaltige Brühe. Mittlere Temperaturen und eine Röstdauer von zwölf Minuten liefern die besten Ergebnisse. In der rohen Bohne lassen sich 250 Substanzen nachweisen, in der gerösteten über 800. Einige dieser Stoffe sind sehr heikel. Zu hohe Konzentrationen können das Aroma völlig ruinieren. *Trichloranisol* erzeugt den erdigen Geschmack von Robusta-Sorten. Wir können diesen Stoff extrem gut riechen und schmecken: Schon unglaubliche sechs *Milliardstel* Gramm pro Liter dieses Stoffes sind wahrnehmbar.

Kaffee schmeckt auch gut? Nicht? Das ist von Person zu Person verschieden. Nur fünfundzwanzig Aromastoffe sind unerlässlich für den Kaffeegeschmack. Der wichtigste, der allein in hoher Verdünnung so etwas wie Kaffeearoma ahnen lässt, heißt *Furfurylthiol*:

Ich bin dieser Substanz als Praktikant im analytischen Labor einer Chemiefirma begegnet. Sie sollte wie viele andere »Wareneingänge« gaschromatografisch auf ihren Gehalt geprüft werden – ein Fläschchen mit einer braunen Flüssigkeit. Die Aufschrift warnte vor dem Geruch: »Öffnen der Flasche nur unter starker Entlüftung«. Ich fächelte mir, neugierig geworden, ein wenig mit der Hand vom Flaschenhals in Richtung Nase: Für den Geruchssinn war es das, was man beim Boxen einen Tiefschlag nennt. Es riecht nicht, es stinkt auch nicht, die Substanz agiert jenseits solcher Begriffe; etwas unsagbar, unvorstellbar Widerliches fährt einen direkten Angriff auf das Brechzentrum (ich konnte die Katastrophe mit knapper Not verhindern). Erst in vieltausendfacher Verdünnung riecht Furfurylthiol angenehm nach Kaffee. Wozu man das dann braucht? Eben: Um Kaffeeersatzstoffe nach Kaffee riechen zu lassen …

Immer wieder gibt es in verschiedenen Medien Meldungen über schädliche Wirkungen des Kaffees. Geglaubt werden sie gern – wie wir ja seltsamerweise allgemein dazu neigen, negative Dinge eher für wahr zu halten als positive Berichte. Auch nach zahlreichen Untersuchungen konnten keine negativen Wirkungen des Kaffees festgestellt werden, also kein Zusammenhang mit Bluthochdruck, Gicht, Diabetes, Herzinfarkt oder Schlaganfall, auch keine Häufung von Krebs bei Kaffeetrinkern. Eindeutig ist allerdings eine Wirkung, wenn man aufhört, ihn zu trinken: Migräneartiges Kopfweh, ein Entzugssymptom, das allerdings nach einigen Tagen wieder verschwindet.

Kaffee wird nicht nur wegen der anregenden Wirkung getrunken: Coffein erhöht auch den Serotoninspiegel im Gehirn. *Serotonin* ist der Garant unseres seelischen Wohlbefindens, der Spiegel dieser Substanz abhängig vom Tageslicht. Deshalb verbrauchen die Skandinavier zwei- bis dreimal so viel Kaffee wie die Südeuropäer. Fazit: Kaffee hat nicht nur Schutzwirkungen gegen Krebs, sondern ist auch ein mildes Antidepressivum!

Es wird aufgefallen sein, dass ich bisher nichts über den Tee geschrieben habe. Dabei enthält er mehr Coffein als der Kaffee. So viel, dass in London im frühen 19. Jahrhundert acht Fabriken aus einmal aufgebrühten Teeblättern ein Teesurrogat herstellten, das über dunkle Kanäle wieder in den Markt geschleust wurde. Dazu eine Anekdote: Ein Studienkollege von mir pflegte sich beim Lernen mit Tee wach zu halten. Eines Tages war noch so viel Schwarztee von der vergangenen Nacht übrig, dass es ihn reute, alles wegzuschütten. Also hat er keinen frischen Tee gekocht, sondern den alten wieder heiß gemacht. Es wurde sehr starker Tee. Die Blätter – das hat er steif und fest behauptet – waren auf jeden Fall weg. Dieser Tee hatte eine dramatische Wirkung: Herzrasen, Schweißausbrüche, Zittern, Angstzustände, über Tage sich hinziehende Schlaflosigkeit, Einweisung in die Klinik. Es sind dies die Symptome einer Coffeinvergiftung. Schwarzer Tee enthält, wie erwähnt, mehr Coffein als Kaffee und grüner Tee noch mehr als schwarzer, bis zu 5 Prozent. Daneben kommen noch enge Verwandte dieses Anregungsmittels vor: *Theophyllin* und *Theobromin*. Theophyllin wirkt stark harntreibend, Theobromin ist das Hauptalkaloid der Kakaobohne. 80 Prozent des Coffeins verlassen den Körper unverändert, 20 Prozent werden abgebaut, aber nicht sehr stark. Tee enthält außer Koffein auch *Polyphenole*, die schädliche Radikale einfangen, das soll sehr gesund sein. Regelmäßiges Teetrinken soll vor Krebs und Herzinfarkt schützen – behauptet der Österreichische Kaffee- und Teeverband. Nun ja. Die Teeblätter werden bekanntlich fermentiert, darum wird der Tee ja dunkel. Es laufen Abbauprozesse, Oxidationen ab; die betreffende Stelle in meinem Buch über Phytopharmaka ist eine längere Chemievorlesung. Aber wenn der Prozess »natürlich« ist (was immer das heißen mag), wird er akzeptiert. Tee wird in Europa seit Beginn des 17. Jahrhunderts getrunken. Ich selber vertrage keinen Tee. Er macht mich nervös. Dagegen kann ich große Mengen schwarzen Kaffee trinken und tue das auch – Tee und Kaffee wirken verschieden.

20 000 Tonnen Coffein werden jedes Jahr hergestellt, nur ein Fünftel gewinnt man aus Pflanzen, den Rest im Labor nach einem Verfahren des Chemikers Wilhelm Traube. Verwendet wird es in den bekannten Getränken, die sich ohne Coffein nicht der nun schon hundert Jahre andauernden Beliebtheit erfreuen würden, und darüber hinaus auch in Medikamenten; Coffein verstärkt die Wirkung von Schmerzmitteln, wodurch sie niedriger dosiert werden können.

Die Medizin hat sich redlich bemüht, dem Kaffee negative Wirkungen zuzuschreiben, neuere Untersuchungen beweisen allerdings eher das Gegenteil: So berichten die Autoren Udo Pollmer und Susanne Warmuth in ihrem ernüchternden Sachbuch »Pillen, Pulver, Powerstoffe« von einer zusammenfassenden Analyse aus neun Studien mit insgesamt 200 000 Teilnehmern, wonach feststeht, dass jeder und jede, der oder die mehr als sechs Tassen Kaffee am Tag trinkt, ein um 35 Prozent niedrigeres Risiko hat, an Diabetes zu erkranken! Drei Tassen Kaffee pro Tag senken nach einer amerikanischen Studie die Sterblichkeit durch Herzleiden um 25 Prozent. Diese Angaben sind umso bemerkenswerter, als sie meiner Erinnerung nach in der erwähnten Publikation die *einzigen positiven* Aussagen über Lebensmittelinhaltsstoffe darstellen – aber wie dem auch sei: Mit Coffein hat es nichts zu tun, die »gesunden« Wirkungen scheinen durch andere Inhaltsstoffe des Kaffees verursacht. Ich bescheide mich – ausdrücklich ohne lebensverlängernde Wirkungen der schwarzen Brühe ins Feld zu führen – mit einem ebenso schlichten wie jede Debatte beendenden Zitat: »Der Kaffee ist die Quelle des Glücks und der Intelligenz.« William Harvey hat das gesagt, 1657 auf seinem Totenbett, als er gleichsam schon den Widerschein der Ewigkeit erspähte. Außerdem hat der Mann den Blutkreislauf entdeckt und die moderne Physiologie begründet.

Also, was wollen Sie noch …

Ammoniak

Der Wandel unserer Lebensverhältnisse zeigt sich manchmal an ganz einfachen Dingen: Zum Beispiel wird man heute nur noch wenige Menschen finden, die den Geruch von Ammoniak kennen. Er begegnete früher in zwei Formen, einer eher ländlichen und einer städtischen. Auf dem Land entströmte dieser Duft vor der Einführung der Wasserspülung jedem Plumpsklo, das eben viel eher nach Ammoniak roch als nach Exkrementen, wie man eigentlich annehmen sollte. (Ich weiß das von einem Ferienhäuschen in einem abgelegenen Tal, wo es keine WC gab und das Wasser vom Brunnen geholt werden musste.) In der Stadt war Ammoniak sofort riechbar, wenn die in jedem Haushalt vorhandene Flasche mit Salmiakgeist geöffnet wurde, um irgendetwas mit der Flüssigkeit zu putzen. Das hat auch funktioniert, war allerdings mit bedeutender Geruchsbelästigung verbunden, die beim Lüften wieder verschwand. Heute bietet jeder Supermarkt nach dem Grundsatz »Jede Oberfläche hat das Recht auf ein eigenes Putzmittel« viele Regalmeter mit bunten Plastikflaschen an, deren Inhalt nach Früchten und Blumen riecht, sicher nicht mehr nach Ammoniak. Der Geruch ist aus dem Haushalt verschwunden.

Ammoniak ist ein Gas und leicht flüchtig, der Salmiakgeist war einfach eine schwache Lösung von Ammoniak in Wasser. Ammoniak ist geradezu verrückt nach Wasser (oder umgekehrt); ein Liter Wasser kann 700 Liter Ammoniakgas absorbieren, bis Sättigung eintritt; je kälter das Wasser ist, desto lieber nimmt es Ammoniakgas auf. Beim Erwärmen gibt es das Gas wieder ab. Bei gleich bleibender Temperatur bekommt man umso mehr Ammoniak ins Wasser, je höher der Gasdruck über der Flüssigkeit ist – klingt logisch, war aber bis zu den Versuchen des englischen Arztes und Chemikers William Henry unbekannt. 1803 hat er seine Untersuchungen veröffentlicht. William Henry erkannte auch, dass Ammoniak aus einem Teil Stickstoff und drei Teilen Wasserstoff besteht, also durch die Formel

$$NH_3$$

beschrieben wird – damit ist sie die einfachste Formel, die in diesem Buch vorkommt, und nach dem Wasser (H_2O) die einfachste Formel einer chemischen Verbindung überhaupt.

Der Name Ammoniak leitet sich vom *sal ammoniacum* her, derselbe Wortstamm steckt im Salmiak. *Sal* heißt »Salz«, das Adjektiv *ammoniacum* bezieht sich auf den *Jupiter Ammon*, der in der westägyptischen Oase Siwa verehrt wurde. Amun war ja der Hauptgott der Ägypter – und was hat der jetzt bitte mit Jupiter zu tun? Schuld an dieser »Vereinheitlichung« war Alexander der Große, der 331 nach der Eroberung Ägyptens in die Oase reiste, um das dort ansässige berühmte Orakel zu befragen, ob es okay sei, wenn er, Alexander, von nun an den Posten des Pharaos übernehme und sich als Sohn des Amun bezeichne. Das Orakel beeilte sich, in Gestalt des diensthabenden Oberpriesters beide Fragen zu bejahen. Beruhigt zog Alexander ab. Amun, Jupiter – in der Auffassung der Griechen war das ohnehin mehr oder weniger dasselbe.

Sal ammoniacum bezeichnete ursprünglich normales Kochsalz, erst später ging der Name auf *Ammoniumchlorid* über, eine Verbindung von Ammoniak und Chlorwasserstoff. Salmiak wurde schon in der Antike aus verfaultem Urin und Salz gewonnen, auch aus dem Ruß von brennendem Kamelmist … Alles eher unerfreuliche Verfahren. Unerfreulich sind auch die Eigenschaften von Ammoniak: Das stechend riechende Gas ist giftig (zum Vergleich: das Blausäuregas Cyanwasserstoff etwa zwanzig Mal giftiger); hohe Konzentrationen werden aber nur selten eingeatmet, weil der unerträgliche Geruch geringster Mengen den Menschen warnt.

Das Ammoniakgas wird schon bei minus 33 Grad flüssig – oder schon bei plus 20 Grad, wenn man das Gas mit 9 Atmosphären Druck komprimiert. Flüssiges Ammoniak ist farblos, lässt man es unter normalem Luftdruck verdampfen, kühlt es sich stark ab, darauf beruht die Verwendung in Kühlanlagen. Aus Haushaltskühlschränken wurde Ammoniak wegen seiner Giftigkeit und Brennbarkeit schon lange verbannt, man ersetzte es durch chlorierte und fluorierte Kohlenwasserstoffe, die weitgehend ungiftig sind und nicht brennen. Dafür zerstören manche die Ozonschicht, wenn sie in die Atmosphäre gelangen. Vielleicht wäre man doch besser beim Ammoniak geblieben …

Aber die Verwendung als Kältemittel rechtfertigt natürlich nicht das Vorkommen des Ammoniak in dem Dutzend Substanzen, »die die Welt veränderten«. Die weltverändernde Potenz dieses Gases liegt in den Produkten, die man daraus herstellt: Düngemittel und Sprengstoff.

In diesen beiden Stoffgruppen zeigt sich der merkwürdig janusgesichtige Charakter der Substanz, der sogar auf den Menschen abgefärbt zu haben scheint, dessen Name mit der Synthese des Ammoniaks verbunden ist: der Chemiker Fritz Haber. Davon später. Bleiben wir zunächst bei der vorderen Seite der Medaille, beim Dünger.

Über die Bodenfruchtbarkeit herrschten vor der Epoche der Aufklärung seltsame Vorstellungen. Justus von Liebig beschreibt die herrschende Auffassung 1840: »Man glaubte an eine geheimnisvolle Kraft im Boden, die ewig und immer Pflanzen hervorbringen sollte. Diese Kraft war nach den damaligen Vorstellungen erweckbar durch die Kunst des Landwirts, ähnlich den ernährenden oder arzneilichen Kräften, welche die frühere Physiologie und Medizin in den Nahrungs- und Arzneimitteln voraussetzte. Die Wirkung dieser Kraft in Beziehung auf die Steigerung der Erträge sollte abhängen von einem Kreislauf an organischen Stoffen, die in Form von Humus das Leben der Pflanzen und in Form von Pflanzenteilen das der Tiere und Menschen in seiner Wiederkehr vermittelte.«

Der letzte Satz des Zitats beschreibt eine organische Kreislaufwirtschaft, die den Bio-Bewegten und sich gesund Ernährenden unserer Tage ans Herz gewachsen ist; man übersieht heute nur, dass schon im 18. Jahrhundert der schöne Stoffkreislauf mehr und mehr abgewürgt wurde, weil die nötigen Mengen natürlichen Düngers immer schwerer aufzubringen waren. Eine wachsende Bevölkerung in Mitteleuropa nahm immer mehr landwirtschaftliche Flächen für die eigene Ernährung in Anspruch, da blieb für Viehhaltung und Düngerproduktion immer weniger Platz. Das ein Jahrtausend gültige System der Dreifelderwirtschaft war an seine Grenzen gestoßen. Besonders gut funktioniert hatte es ohnehin nicht. In Abhandlungen über das frühe Mittelalter findet sich immer wieder dieselbe, höchst interessante Zahl: das Aussaat-Ernte-Verhältnis. Das lag bei 1:3 bis 1:4, soll heißen: Für jeden Zentner ausgesätes Korn wurden drei bis vier Zentner geerntet. Zum Vergleich: Heute liegt das Verhältnis beim Winterweizen zum Beispiel bei 1:40! Auf die damalige Zahlenangabe folgt meistens eine gewisse Ratlosigkeit der Historiker, wie bei einem solchen, geradezu lächerlichen Verhältnis die Bevölkerung überhaupt ernährt werden konnte, weil jede Missernte sofort zum Aufbrauchen des Saatgutes für das nächste Jahr und zu einer Hungersnot führte. Diese mit unschöner Regelmäßigkeit auftretenden Hungersnöte finden sich dann auch in den Chroniken. Die Ineffizienz der mittelalterlichen Landwirtschaft fällt besonders auf, da in der Antike das Aussaat-Ernte-Verhältnis bei 1:8 lag; in der Völkerwanderung ist also enormes Wissen über Landbau vergessen worden.

190

Die Dreifelderwirtschaft brachte dann eine Verbesserung der Situation. Ein Drittel der Anbaufläche lag brach, eins wurde mit Wintergetreide, eines mit Sommergetreide bepflanzt. Schon im frühen Mittelalter beobachtet man eine »Vergetreidung« des Ackerbaus. Warum? Die schiere Notwendigkeit, die Bevölkerung zu ernähren, erzwang gleichsam auf Teufel komm raus den Anbau von Getreide auf jedem Fleckchen, das nur irgendwie dazu geeignet war. Das geht so lange gut, wie das Brachland wirklich Vollbrache ist – dabei »erholt« sich der brachliegende Boden jedoch trotzdem nicht, wie man immer wieder lesen kann, sondern hier gilt das Gesetz vom Erhalt der Masse: Jedes Gramm Stickstoff, das der Erde in Form von Getreideprotein entzogen wurde, muss in Form von Dünger wieder zugeführt werden. Sonst sind die Stickstoffspeicher des Bodens in wenigen Jahren erschöpft. Was war aber nun Dünger? Tierische und menschliche Exkremente. Die tierischen können nun aber nicht von den Kühen stammen, die etwa auf dem Brachland sprießendes Gras abweiden (das wäre ein Stickstoff-Nullsummenspiel), sondern müssen von Extraweideflächen kommen. Und die muss man erst einmal haben. Durch ständige Ausweitung der Anbaufläche (innere Kolonisation) gelang das ein Jahrtausend lang auch bloß schlecht und recht. Wobei die großen Bevölkerungsverluste durch die Seuchen, besonders die Pest in der Mitte des 14. Jahrhunderts, Druck von der Landwirtschaft genommen haben ... Nachdem aber die Verluste des Dreißigjährigen Krieges aufgeholt waren und die Seuchen zurückgingen, stieg dieser Druck im 18. Jahrhundert spürbar an. Der Mangel an Flächen für das Vieh führte zu einer verminderten Düngung und zum Rückgang der Ernten. Man konnte zwar auf sauren Böden durch Ausbringung von Mergel (ein Kalk-Ton-Gemisch) eine wundersame Ertragssteigerung erreichen, weil durch den basischen Kalk der pH-Wert des Bodens angehoben, die Erde also basischer wurde – das hat die Bodenbakterien, die den organischen Dünger für die Pflanze verfügbar machen, sehr gefreut, da sie sich im Sauren unwohl fühlen. Die Erträge stiegen. Weil aber sonst nichts Düngermäßiges eingebracht wurde, war das ein Strohfeuer: Nach Aufbrauchen der letzten Reserven gab der Boden nichts mehr her – er war im Wortsinn »ausgemergelt«. Bezeichnenderweise finden sich im Englischen und in den romanischen Sprachen, wenn man nach einer Übersetzung für »ausmergeln« sucht, nur Vokabeln, die sich alle vom lateinischen *emaciare,* wörtlich »mager werden lassen«, ableiten, also in dem Sinn, wie man das Wort heute auch im Deutschen verwendet (»ausgemergelt« erscheinen uns Personen, die schwere Entbehrungen hinter sich haben, keine Böden!). Die Methode, dem Boden mit Mergel vorübergehend aufzuhelfen, scheint also nur in Mitteleuropa so massive Praxis gewesen zu sein, dass sie in den Sprachschatz einging und übertragene Bedeutung angenommen hat.

Diesen Exkurs in die Agrargeschichte halte ich für nötig, um die Bedeutung zu verstehen, die das Konzept der mineralischen Düngung für unsere Länder hatte. 1840 erschien das Buch »Die Chemie in ihrer Anwendung auf Agrikultur und Physiologie«. Der Chemiepapst Justus von Liebig stellte darin die These auf, der sinkende Ertrag der deutschen Böden sei auf einen jahrhundertelang gesteigerten Raubbau zurückzuführen; die Erde sei erschöpft, weil ihr gewisse mineralische Stoffe fehlten, vor allem Stickstoff, Phosphor und Kalium. Diese Elemente kann die Pflanze über ihre Wurzeln nur in Wasser gelöst aufnehmen, das heißt, in Form von einfachen Salzen. Obwohl seine Theorie zwanzig Jahre brauchte, um sich durchzusetzen, gelang es doch, durch Einführung der mineralischen Düngung die Produktion der Landwirtschaft bedeutend zu steigern. Von 1873 bis 1913 stieg sie um 90 Prozent, auch durch Mechanisierung und andere Fortschritte in der Tierzucht. Der größte Mangel war seit jeher der an Stickstoff. Nun gab es allerdings einen bergmännisch abgebauten Stickstoffdünger, den man gut verwenden konnte: Salpeter. Die ergiebigsten Vorkommen lagen in Südamerika.

Die Kriege der jüngsten Vergangenheit werden in späteren Jahrhunderten wohl eindeutig als »Ölkriege« bezeichnet werden; die heute vorgeschobenen Kriegsgründe (Massenvernichtungswaffen, Sturz einer Diktatur und so weiter) werden dann nur noch den Historikern bekannt sein. Solche Kriege um Rohstoffe sind aber nichts Neues. In unserem Zusammenhang von Bedeutung ist der sogenannte »Salpeterkrieg« zwischen Chile, Bolivien und Peru. Der Konfliktgrund waren die reichen Salpetervorkommen der Atacamawüste, die sich westlich der Kordilleren am Pazifik entlang erstreckt. Der Chile-Salpeter *caliche* ist ein Gemisch aus Ton, Sand, verschiedenen Salzen und dem Hauptbestandteil *Natriumnitrat*, einem Salz der Salpetersäure. Er wird aus dem groben Gemisch durch Herauslösen mit heißem Wasser und Umkristallisieren gewonnen. Natriumnitrat war die einzige Quelle für Salpetersäure – und die brauchte man, um Düngemittel und Sprengstoffe herzustellen, also um wachsende Bevölkerungen ernähren und Kriege führen zu können. Und die weltweit einzige technisch bedeutende Quelle für Salpeter lag in den Wüsten im Westen des südamerikanischen Kontinents. Salpeter war *die* Schlüsselsubstanz des 19. Jahrhunderts. Der Salpeterkrieg zwischen Bolivien und Chile brach 1878 aus, als Chile durch einen Grenzkonflikt mit Argentinien beansprucht war. Chile vertrieb die bolivianischen Beamten aus der Provinz Atacama, Bolivien war damit aus dem Spiel. Aber nun mischte sich Peru, das mit Bolivien ein geheimes Abkommen hatte, ein und beherrschte mit seiner Flotte die See. Der Krieg verlief für Chile zunächst sehr ungünstig, weil das peruanische Panzerschiff »Huascar« dem chilenischen Handel schweren Schaden zufügte. Es wurde allerdings 1879 geentert, und das Blatt wendete sich. Die Chilenen gewannen die Schlacht von Tacna und eroberten die peruanische Hauptstadt Lima, woraufhin die staatliche Ordnung in Peru zusammenbrach. Im Friedensschluss von 1883 trat Peru die Provinz Tarapaca endgültig an Chile ab, damit endete der Salpeterkrieg.

Wer immer die Verfügungsgewalt über diesen Rohstoff hatte, der Salpeter musste auf Schiffe verladen und um Kap Hoorn herum und quer über den ganzen Atlantik nach Europa transportiert werden. Bei irgendeiner Unstimmigkeit mit Großbritannien, das mit seiner Riesenflotte die Weltmeere beherrschte, wurde die Salpeterzufuhr sofort unterbunden.

Man musste in diesem Fall den Salpeter selber herstellen – nur wie? Im Natronsalpeter aus Chile liegt der Stickstoff gebunden an Sauerstoff vor: $NaNO_3$, der Stickstoff ist irgendwie verbrannt worden. Auf direktem Wege geht das fast gar nicht – Gott sei Dank: Drei Viertel der irdischen Luft sind Stickstoff, ein gutes Fünftel ist Sauerstoff – wenn die beiden sich ohne Umstände verbinden würden, wäre der Sauerstoff auf der Erde bald aufgebraucht und uns gäbe es ebenso wenig wie andere Sauerstoffatmer. Aber eben: Stickstoff ist nicht brennbar, drum heißt er ja auch *Stick*stoff, weil er Flammen erstickt. Bei sehr großer Hitze, wie etwa in einem elektrischen Lichtbogen, verbrennt der Stickstoff dann aber doch zu Stickoxiden, wenigstens ein bisschen; wenn man eine vernünftige Menge daraus gewinnen will, braucht man Strom in rauen Massen, der auch noch fast nichts kosten darf, wenn das endlich hergestellte Düngemittel kein Apothekenprodukt bleiben soll. Um die Jahrhundertwende waren derartige Anlagen hie und da in Betrieb, aber für eine Massenproduktion von Stickstoffdünger oder Salpeter war das alles nichts.

Was hat das nun aber mit Ammoniak (NH_3) zu tun? Das war auch ein Gas und kam in den Abwassern der Kokereien vor, aus denen es einigermaßen umständlich gewonnen werden konnte und das – brennbar war: Beim Verbrennen entstanden die begehrten Stickoxide. Am einfachsten wäre es natürlich gewesen, wenn man das Ammoniak aus den Elementen hergestellt hätte, nach der Gleichung:

$$3\,H_2 + N_2 \;\rightarrow\; 2\,NH_3$$

Drei Teile Wasserstoff und ein Teil Stickstoff ergibt zwei Teile Ammoniak. Diese Reaktion existiert tatsächlich. Allerdings existiert auch die umgekehrte Reaktion: Ammoniak zerfällt in die Elemente Wasserstoff und Stickstoff. Das ist bei chemischen Reaktionen ganz allgemein der Fall. Gewöhnlich stellt sich ein sogenanntes »Gleichgewicht« ein – dann bildet sich pro Sekunde ebenso viel Ammoniak, wie in derselben Sekunde zerfällt, die Konzentration aller beteiligten Stoffe bleibt konstant. Der deutsche Chemiker Fritz Haber, Professor an der TU Karlsruhe, begann die Ammoniakreaktion 1904 zu untersuchen. Tatsächlich ist der Stickstoff nicht so abgeneigt, sich mit dem Wasserstoff zu verbinden; bei der Umsetzung wird sogar Wärme frei. Leider wirkt hier nun ein Prinzip, das der Franzose Henri Louis Le Chatelier 1888 entdeckt hatte. Man nennt es das »Prinzip vom kleinsten Zwang« und ist immer eines meiner liebsten Naturgesetze gewesen, weil es intuitiv ohne viel Mathematik erfassbar ist: »Übt man auf ein chemisches System im Gleichgewicht einen äußeren Zwang aus, so reagiert es so, dass der äußere Zwang vermindert wird.« Äußerer Zwang, was soll denn das sein? Zum Beispiel Zufuhr von Wärme, ordentlich heizen. Oder Druckerhöhung. Bleiben wir gleich dabei: Bei unserer Reaktion stehen auf der linken Seite vier Teile Gas, auf der rechten Seite aber nur zwei, das Volumen nimmt also ab und damit der Druck. Schließlich vermindert sich die Zahl der Gasmoleküle auf die Hälfte; nur halb so viel Moleküle (im Vergleich mit vorher) stoßen an die Wände des Behälters; diese Stöße machen aber den Druck aus. Wenn ich nun den Druck von außen erhöhe, indem ich die Gase Wasserstoff und Stickstoff mit einer Pumpe ins Reaktionsgefäß presse, dann *weicht das System aus.* Und geht in die Richtung, wo Druck verbraucht wird. Also von links nach rechts in Richtung Ammoniakproduktion. Das ist schon mal gut, denn da habe ich eine Möglichkeit, die Reaktion in gewünschter Weise zu beeinflussen. Was ist mit der Wärme? Da sieht es weniger gut aus: Bei der Reaktion wird Wärme frei. Wenn ich nun zusätzlich von außen Wärme zuführe – dann weicht das System aus und verbraucht Wärme, indem die Reaktion nun von rechts nach links verläuft, das gebildete Ammoniak also wieder zerfällt. Das wäre schlecht, heizen darf ich also nicht. Na ja, macht ja nichts, oder? Spar ich mir die Energie fürs Heizen. Leider kommt hier die Zeit ins Spiel: Reaktionen laufen umso schneller ab, je höher die Temperatur ist. Als Faustformel gilt: für jede 10 Grad Temperaturerhöhung Verdoppelung der Rektionsgeschwindigkeit. Bei Aufheizen von 20 auf 100 Grad wäre das eine 8-malige Verdoppelung, also der Faktor 256! Manche Reaktionen haben das auch bitter nötig, zum Beispiel die Ammoniakreaktion. Die würde zwar bei 20 Grad fast vollständigen Umsatz zu Ammoniak liefern – wenn ich nur die paar Tausend Jahre Zeit hätte, bis es sich endlich eingestellt hat, das Gleichgewicht. Es geht auch schneller (durch Temperaturerhöhung), aber dann liegt das Gleichgewicht weit links, bei 500 Grad und einer Atmosphäre Druck zum Beispiel gibt es dann noch gerade 0,13 Prozent Ammoniak. Hoffnungslos? Hier helfen sogenannte Katalysatoren. Das sind Hilfsstoffe, die durch ihre bloße Anwesenheit die Reaktionsgeschwindigkeit gewaltig erhöhen. Fritz Haber gelang es, in einer Versuchsapparatur bei 175 Atmosphären Druck und 550 Grad mit dem Element Osmium als Katalysator immerhin 8 Prozent Ammoniak zu erreichen. Die 8 Prozent wurden aus dem Gemisch entfernt, der große Rest der Apparatur wieder zugeführt. Prof. Hermann Staudinger, späterer Chemienobelpreisträger, der auch an der TU Karlsruhe wirkte, erinnerte sich, wie eines Tages Haber in sein Labor kam: »Kommen

Sie runter, es gibt Ammoniak.« Er hat ein Gefäß mit einer langen Kapillare gehabt, und da war etwa ein Kubikzentimeter Ammoniak, das sehe ich noch. Dann kam noch Engler dazu. Das war damals fantastisch. Carl Engler war der Direktor der TH und ist durch seine Arbeiten über Erdöl bekannt geworden.

Der Laborapparat, in dem das ablief, war eine Weltneuheit. Strömende Gase bei über hundert Atmosphären Druck – das wurde bis dato als völlig verrückt angesehen. Viel zu gefährlich … Tatsächlich mussten geeignete Dichtungen und Verbindungen erst von Habers Mitarbeitern erfunden werden, damit das Ganze zum Laufen kam. Aus dem einen Kubikzentimeter der Loboranlage viele tausend Tonnen zu machen, war die Aufgabe von Carl Bosch, der im Auftrag der BASF, die schon die Arbeiten Habers finanziert hatte, das Verfahren, das heute als »Haber-Bosch-Verfahren« bekannt ist, in den großen Maßstab überführte. Das gelang innerhalb von drei Jahren, es traten aber eine Reihe schwerer Probleme auf: In den halbtechnischen Reaktoren (etwa einen Meter lange Stahlrohre) lief die Reaktion auch in größerem Maßstab zufriedenstellend ab – bis jedes der Rohre nach ein paar Stunden aufplatzte, das eine früher, das andere später. Nach langwierigen Untersuchungen fand Bosch heraus, woran das lag: Der Wasserstoff reagierte unter dem hohen Druck mit dem feinverteilten Kohlenstoff im Stahl und bildete das Gas Methan (CH_4). Das entwich. Die Festigkeit des Stahls liegt aber am Kohlenstoff, der also dringend benötigt wurde. Bosch fand eine geniale Lösung. Er steckte zwei Rohre ineinander: Das innere bestand aus kohlenstoffarmem Weicheisen, das äußere aus Stahl. Das Weicheisenrohr war chemisch beständig, das Stahlrohr nahm den Druck auf. Der Wasserstoff, der immer noch durch das Weicheisen diffundierte, entwich durch zahlreiche winzige Bohrungen im Hüllrohr, sogenannte »Boschlöcher«, ins Freie. Ein weiterer Punkt war der Katalysator. Osmium war viel zu selten und viel zu teuer. Boschs Assistent Alwin Mittasch gelang es, in zwanzigtausend Versuchen das heute noch übliche Katalysatorgemisch auf der Basis von Eisenoxid zu entwickeln. Schon 1913 ging die erste Ammoniak-Großanlage in Betrieb. Nicht zu früh, denn schon ein Jahr später begann der Erste Weltkrieg.

Damit sind wir bei der Kehrseite der Medaille. Ohne die Bemühungen zahlreicher deutscher Wissenschaftler wäre dieser Erste Weltkrieg deutlich anders verlaufen. Kürzer, viel viel kürzer. Und Deutschland hätte ihn aus schlichtem Materialmangel viel deutlicher verloren. Dass er vier Jahre dauern konnte, verdankte man den Bemühungen des deutschen Industriellen Walter Rathenau: Er bemerkte, dass der deutsche Generalstab so sehr auf einen kurzen Krieg fixiert war (»Weihnachten sind wir wieder zu Hause!«), dass für einen längeren keine Vorsorge getroffen wurde. Es gelang ihm, den Generalstabschef von Falkenhayn davon zu überzeugen, Verteilung und Bevorratung strategisch wichtiger Rohstoffe nach seinen Vorschlägen zu organisieren. Eine »Kriegsrohstoffbehörde« wurde gegründet, Fritz Haber zum Leiter der Chemieabteilung ernannt. Die deutsche Industrie wurde eingebunden. Als Carl Bosch als Vertreter der BASF im September 1914 ins Kriegsministerium reiste, erschrak er über die Ahnungslosigkeit der Offiziere; sie konnten anfänglich nicht verstehen, warum es ein Salpeterproblem geben sollte – die großen weißen Halden in Mitteldeutschland: Das sei doch Salpeter, oder? Die Herren Offiziere hielten die Abraumhalden der Kalibergwerke für Berge des kriegswichtigen Rohstoffs … Tatsächlich hätte Deutschland mit dem im Reich vorhandenen Salpeter etwa sechs Monate Krieg führen können, dann wäre das Pulver im Wortsinne verschossen gewesen. Wenn man keinen Salpeter hat, muss man ihn eben erzeugen: aus Ammoniak. Haber, Bosch und viele andere sorgten dafür, dass nicht nur genug Salpeter vorhanden war, um daraus rauchloses Pulver und Granatfüllungen herzustellen, sondern auch Düngemittel.

Aber das genügte Fritz Haber noch nicht.

Die Befürchtungen, der Krieg könnte länger dauern, bewahrheiteten sich. Die deutsche Offensive war an der Marne zum Stehen gekommen, die Truppen waren auf beiden Seiten gezwungen, sich einzugraben, es begann die Hölle des Stellungskriegs. Wieder Bewegung da hineinzubringen, hatte sich Fritz Haber zum Ziel gesetzt. Gelingen sollte das mit den Mitteln der Chemie. Schon 1914 hatten die Franzosen das Tränengas der Pariser Polizei gegen deutsche Stellungen eingesetzt: Die Soldaten sollten aus den Gräben herausgetrieben und dann umso leichter abgeschossen werden. Die Wirkung war aber im Freien gleich null. Haber schlug das massenhafte Abblasen von Chlorgas auf gegnerische Stellungen vor. Giftgase waren nach der Haager Landkriegsordnung verboten, nicht aber Reizgase. Also wurde Chlor flink als Reizgas deklariert und mehrere Hundert Tonnen des Giftgases in 30 000 Gasflaschen wurden hinter der Front eingegraben und mit Abblasevorrichtungen versehen. Am 22. April 1915 war es so weit. Der Wind kam aus der richtigen Richtung, die Ventile wurden geöffnet, eine sechs Kilometer breite und bis zu neunhundert Meter tiefe gelbgrüne Chlorwolke wälzte sich auf die französischen Stellungen zu. Gleich darauf griffen die Deutschen an, Mund und Nase unter Mullbinden, die mit einer *Thiosulfatlösung* getränkt waren. Das machte das Chlor unwirksam.

Die Aktion war ein »Erfolg«, ein Geländegewinn konnte erreicht werden, nur hatte das Oberkommando versäumt, genug Reserven bereitzustellen, um durch die Lücke weiter vorzustoßen; man glaubte höheren Ortes ohnehin nicht recht an diese »chemische Kriegführung« – zumindest ein Einwand lässt sich dabei nicht preußischer Offiziersarroganz zuordnen: Wie will ich denn in einer Weltgegend, die geografisch-meteorologisch die *Westwindzone* heißt, ein Kampfmittel einsetzen, das nur bei *Ostwind* funktioniert, weil eben der Gegner im *Westen* steht? Wird nicht dieser Gegner die Gunst der normalen Westwetterlagen nutzen und seinerseits die deutschen Stellungen begasen, nur viel öfter, weil der Wind passt? Diese Bedenken wurden in den Wind geschlagen, die Franzosen, hieß es von Seiten der Wissenschaft, seien gar nicht in der Lage, Kampfstoffe im großen Stil herzustellen. Das könnte man nun wieder deutscher Chemikerarroganz und Großmannssucht zuschreiben, sie erklärt sich aber zum Teil aus dem Faktum, dass vor dem Ersten Weltkrieg 85 Prozent aller Chemieprodukte der ganzen Welt in Deutschland hergestellt wurden; da dachte Haber wohl: Wer, wenn nicht wir, wann, wenn nicht jetzt? Die angenommene Unfähigkeit der Alliierten zur chemischen Kriegführung erwies sich sehr bald als Irrtum …

Der weitere Verlauf interessiert nur am Rande. Es kam zur wohlbekannten Rüstungsspirale: giftigere Kampfstoffe, bessere Gasmasken, noch wirksamere Stoffe und so weiter. Im Ersten Weltkrieg wurden 113 000 Tonnen Kampfstoffe eingesetzt und damit 90 000 Menschen getötet, etwa 1 Million verletzt. Angesichts von 10 Millionen Toten und 25 Millionen Verletzten sind das 0,9 Prozent der Toten und 4 Prozent der Verletzten durch Gas; diese Zahlen ließen Fritz Haber später das Gas als eine geradezu humane Form der Kriegführung bezeichnen; und er ist nie von der Überzeugung abgerückt, dass es als deutscher Patriot und Chemiker geradezu seine Pflicht war, alles in seiner Macht Stehende zu tun, den deutschen Waffen zum Sieg zu verhelfen. »Im Frieden gehört der Wissenschaftler der Menschheit, im Kriege aber nur dem Vaterland.«

Der chemische Kampfstoff war gedacht als eine jener Wunderwaffen, die in der Militärgeschichte ab und zu auftauchen, einen totalen Sieg und schnelle Beendigung des Krieges versprechen. Gehalten werden solche Versprechungen nur selten; die bis zum 20. Jahrhundert einzig wirksame chemische Wunderwaffe war das »griechische Feuer«, eine Art Flammenwerfer, mit dem die Byzantiner sich jahrhundertelang alle Angreifer zur See vom Leibe hielten. Es erfüllte nämlich die notwendige Bedingung einer solchen Waffe: Der Gegner wusste nicht, wie sie funktioniert. Das war im Gaskrieg nicht der Fall.

Habers Frau Clara hat die Gasbemühungen ihres Mannes entschieden abgelehnt. Sie hat sich wenige Tage nach dem ersten Chlorangriff mit der Dienstwaffe ihres Mannes erschossen. Haber wurde vom Kaiser höchstpersönlich befördert: vom Vizewachtmeister gleich zum Hauptmann ... Wenn man so etwas in einen Roman hineinschreibt, glaubt es keiner, ein verkitschtes Melodram, ganz schlechte Literatur! Es kommt aber noch besser: Die *political correctness* war noch nicht erfunden, deshalb erhielt Haber 1918 den Chemienobelpreis für seine Ammoniaksynthese; Engländer, Franzosen und Amerikaner waren empört, dass der Erfinder und Promotor des Gaskriegs ausgezeichnet wurde. Von aktueller Bedeutung ist der letzte Absatz seiner Nobelpreisrede:

»Es mag sein, dass diese Lösung nicht die Endgültige ist. Die Stickstoffbakterien lehren uns, dass die Natur mit ihren erlesenen Formen der Chemie lebender Materie schon lange Methoden entwickelt und benutzt hat, von denen wir bisher noch nicht wissen, wie man sie nachahmen kann. Lassen Sie uns zufrieden sein, dass inzwischen die verbesserte Stickstoffdüngung des Bodens der Menschheit neue Nahrungsreichtümer gebracht hat und dass die chemische Industrie dem Bauern zu Hilfe kommt, der in der guten Erde Steine zu Brot macht.«

Haber bezieht sich hier auf die sogenannten *Knöllchenbakterien*, die in Symbiose mit den Wurzeln bestimmter Pflanzen leben; diese Wurzeln bilden Wucherungen (»Knöllchen«), in denen die Bakterien den Stickstoff der auch im Erdboden vorhandenen Luft in Ammoniak und dann sofort in Aminosäuren umwandeln. Diese Naturvorgänge sind sehr kompliziert und Gegenstand intensiver Forschung. Allerdings ist die natürliche Art und Weise, den Stickstoff der Luft zu nutzen, noch energieaufwendiger als die Herstellung in der Industrie. Eine Tonne Ammoniak verbraucht die Energie von bis zu zwei Tonnen Erdöl, dasselbe auf biologische Weise kostet aber mindestens das Dreifache an Energie, wobei diese allerdings von der Pflanze durch Photosynthese geliefert wird. Manche Historiker sahen im vermehrten Anbau von Hülsenfrüchten in der Zeit Karls des Großen den Grund für den Aufschwung des Abendlandes – bessere Stickstoffversorgung durch die Knöllchenbakterien, bessere Versorgung der Bevölkerung mit Proteinen. Wenn der Anbau von Erbsen, Bohnen und Linsen der ernährungstechnische Durchbruch des 9. Jahrhunderts war, dann war die Ammoniaksynthese der entsprechende Durchbruch im 20. Jahrhundert. 40 Prozent des Stickstoffs, den unsere »Westler«-Körper mit der Nahrung aufgenommen haben, sind schon einmal durch die Reaktionsrohre des Haber-Bosch-Verfahrens gegangen. Diese Angabe stimmt mit den Behauptungen der Düngemittelerzeuger überein, wonach die Hälfte der heute lebenden Menschheit ihre Existenz der Düngung verdankt. Die Sache funktioniert so gut, dass man sie maßlos übertreiben kann: Heute besteht kein Mangel an Viehdung, sondern ein so großer Überschuss, dass man nicht mehr weiß, wohin damit. Deutschland ist überdüngt. Möglich wird das durch die Einfuhr von Kraftfutter aus anderen Ländern und eine bisher nicht da gewesene Turbomast aller möglichen Tiere, um billiges Fleisch zu erzeugen. Das Futter überhaupt herzuschaffen, ist nur durch fossilen Treibstoff möglich – der eben sagenhaft billig ist und nicht teuer, wie die Autofahrer nicht müde werden uns vorzujammern. Heute werden jedes Jahr 100 Millionen Tonnen Ammoniak hergestellt, immerhin 1,4 Prozent des Weltenergiebedarfs verschlingt diese Reaktion! Etwa die Hälfte der fast sieben Milliarden Menschen, die heute auf der Welt leben, könnten ohne Kunstdünger, das heißt, ohne eine praktikable Ammoniaksynthese, gar nicht leben – dass eine Milliarde hungert, hat Verteilungsgründe, es liegt nicht am Düngermangel.

Die Ammoniaksynthese hat nicht nur bewirkt, dass wir heute doppelt so viele sind – sie hat auf der anderen Seite auch zu einer gewissen Menschenreduktion geführt, was in den Darstellungen des Verfahrens immer weggelassen wird. Ohne die erfolgreiche Durchführung der ersten Hochdrucksynthese hätte es kein Benzin aus Kohle gegeben – und Deutschland hätte den Zweiten Weltkrieg nicht führen können.

Was bleibt? Zwiespalt. Für radikale Ökologen ist die Bilanz sicher negativ – die Vorstellung einer ohne die Ammoniaksynthese nur halb so bevölkerten Welt muss ihnen sympathisch sein; Schießpulver und Sprengstoffe wären etwas Seltenes und Teures, man müsste mit den Vorräten der Atacama sorgsam umgehen. Und für die anderen? Die mögen sich vorstellen, dass bei beschränkten Nahrungsressourcen die Beschränkung der Bevölkerung nicht durch Familienplanung erfolgen würde, sondern durch Hunger …

Antibabypille

In Deutschland gibt es fast 9000 zugelassene Arzneimittel, eine hohe Zahl, also fast neuntausend »Pillen« mit ihren Fantasienamen und zungenbrecherischen chemischen Bezeichnungen ihrer Inhaltsstoffe auf der Packung – aber nur eine hat es geschafft, unter dem Überbegriff *Pille* bekannt zu werden; als Pille an sich, somit als Inbegriff des Medikaments: die *Pille*.

Ja eben: *die* Pille.

Ethinylestradiol

Eine einigermaßen abschreckende Formel, aber keine Angst, diesen vier Ringen begegnen Sie, wenn Sie das interessiert, in zahlreichen Naturstoffen. Jede Ecke bezeichnet ein Kohlenstoffatom, H steht bekanntermaßen für Wasserstoff, O für Sauerstoff. Von jedem Kohlenstoffatom müssen vier Bindungen ausgehen, wo das in der Zeichnung ersichtlich nicht der Fall ist (bei den meisten Ringatomen), dürfen Sie einen oder zwei Bindungsstriche dazumalen – mit einem Wasserstoffatom am Ende; wenn Sie das machen, werden Sie feststellen, dass kaum Platz ist, man hat diese vielen Wasserstoffatome (19 von insgesamt 24), die sowieso da sind, in der Zeichnung einfach weggelassen. Was fällt noch auf? Die gestrichelten Linien bedeuten, dass sich das Atom am Ende des Gestrichels unter der Papierebene befindet; dick gemalte keilförmige Bindungen heißen, das Atom an ihrem Ende liegt über der Papierebene, ragt also vorne raus; man will damit andeuten, dass es sich um ein räumliches Gebilde handelt, das in der flachen Ebene des Papiers nicht realistisch dargestellt werden kann. Rechts oben gibt es einen Keil, an dessen Ende nichts steht, ein Druckfehler? Nein, nur eine weitere Chemikermarotte, um die Menschen zu verwirren: Dort steht eine Methylgruppe (-CH$_3$), die man einfach weggelassen hat. Bleibt die komische Struktur ganz rechts oben (im »Nordosten«) des Moleküls: die drei parallelen Striche – das ist eben die *Ethinylgruppe*, die schon im Namen vorkommt, ausgeschrieben -C C-H, mit einer Dreifachbindung zwischen zwei Kohlenstoffatomen; der linke Bindungsstrich ist wieder gestrichelt, die Gruppe ragt also nach hinten … jetzt hör ich auch schon auf mit diesem vertrackten Molekül, die Frage bleibt: Wer macht so etwas blödsinnig Kompliziertes? Antwort: die Natur selber; an dem Vierringgebilde hat sie geradezu einen Narren gefressen und verwendet es für vielseitige Zwecke, die auf den ersten Blick wenig miteinander zu tun haben. Schon im 18. Jahrhundert fand man in Gallensteinen eine feste Substanz, die den Namen *Cholesterin* erhielt – von griech. *chole* = »Galle« und griech. *stereós* = »fest«. Ähnliche Stoffe hießen danach *Steroide*. Sie zeigen den Aufbau mit vier Ringen, was allerdings erst am Beginn des 20. Jahrhunderts aufgeklärt wurde, vor allem von Adolf Windaus und Heinrich Wieland (beide Chemienobelpreisträger). Steroide regeln die Fortpflanzung, in Form des erwähnten Cholesterins sind sie Bestandteil der Zellmembran (Cholesterin ist eine der häufigsten Substanzen im menschlichen Organismus, sehr viel enthält das Gehirn!); aber auch die für die Fettverdauung wichtigen Gallensäuren zeigen Steroidstruktur –

und schließlich, nicht unwichtig für unser Thema, kommen sie auch in Pflanzen vor: als Seifenstoffe, Herzmittel und Krötengifte. Sogar das Häutungshormon der Insekten, das *Ecdyson*, ist ein Steroid. Unterscheiden tun sie sich alle durch die Gruppen, die an den Ringatomen angehängt werden können, manche klein, manche ausgedehnte Seitenketten. Kleine Veränderungen machen einen großen Unterschied. Zur Demonstration das männliche Sexualhormon Testosteron und ein weibliches, das Estradiol.

Testosteron

Estradiol

Erinnert ein wenig an die Rätselecke in der Zeitung: »... im unteren Bild hat unser Zeichner sechs Änderungen versteckt. Finden Sie die Unterschiede!« – Es kommt also sehr darauf an, welche Gruppen in welche Richtung von dem Gerüst abstehen, wo etwa Doppelbindungen vorhanden sind ... Unser Mitgefühl gehört den Armen, die das ganze Zeug für eine Prüfung in pharmazeutischer Chemie lernen müssen. Wir wollen uns damit nicht aufhalten.

Das Ethinylestradiol, von dem wir ausgegangen sind, wird in der Pille normalerweise von weiteren Hormonen begleitet – über die Funktionsweise ließen sich viele Seiten mit der Fortpflanzungsbiologie des Menschen füllen (was in anderen Büchern auch geschehen ist); ich erspare mir das hier mit der Zusammenfassung, dass die Pille dem weiblichen Organismus vorgaukelt, schon schwanger zu sein, weshalb er keine Maßnahmen ergreift, eine weitere Eizelle aus dem Eierstock in den Eileiter auszustoßen *(Ovulation)*. Die Pille ist aus diesem Grund als »Ovulationshemmer« bekannt. Das funktioniert außerordentlich gut. Man misst die Wirksamkeit von Verhütungsmethoden mit dem vom amerikanischen Biologen Raymund Pearl entwickelten »Pearl-Index«. Er gibt an, wie viele sexuell aktive Frauen, die eine bestimmte Verhütungsmethode anwenden, innerhalb eines Jahres trotzdem schwanger werden. Ein Index von zum Beispiel 10 heißt, dass von 100 Frauen 10 schwanger werden. Bei der Pille liegt der Index zwischen 0,1 und 0,9 – da frau nicht ein »bisschen« schwanger werden kann, also auch nicht 0,1 oder 0,9 Mal, heißt das umgerechnet, dass eine ungewollte Schwangerschaft bei 1000 Frauen vorkommt, wenn die Methode gut funktioniert – oder eine auf 111 Frauen, wenn es nicht so gut funktioniert. Bei wirklich hundertprozentiger Wirksamkeit wäre der Pearl-Index exakt null, das ist aber nicht erreichbar. Die richtige Einschätzung der Pille ergibt sich erst, wenn man sie mit anderen Methoden vergleicht. Die Berechnung der fruchtbaren Tage nach Knaus-Ogino zeigt einen Index zwischen 9 und 40, was dieser von der katholischen Kirche akzeptierten Methode die despektierliche Bezeichnung »vatikanisches Roulette« eingebracht hat. Genauer lassen sich die fruchtbaren Tage durch Messung der Basaltemperatur feststellen (Pearl-Index 0,8 bis 3); dagegen erschreckt das Kondom mit einem Pearl-Index von 2 bis 14(!), was auf massive Anwendungsfehler schließen lässt …

Wer hat nun die Pille erfunden? Diese epochemachende Erfindung lässt sich keinem einzelnen Menschen zuschreiben. Es ist aber auch nicht wie heute in der Großforschung oft der Fall, dass ein ganzes Heer von Mitarbeitern, die auf ein bestimmtes Projekt angesetzt sind, genannt werden müsste; es sind einige Männer und zwei bemerkenswerte Frauen, wobei auffällt, dass diese beiden Damen die Pille in der Form *wollten*, wie sie heute existiert, als Präparat nämlich, das frau wie Aspirin einnehmen konnte und dann zuverlässig vor Schwangerschaft geschützt war – die Mehrheit der beteiligten Herren dagegen begann die Forschungen dezidiert *nicht*, um ein *orales Kontrazeptivum* zu entwickeln. Diese Gruppe könnte man als Elterngeneration der Pille ansprechen; nur sind es nicht zwei, sondern fünf Personen. Davor gab es allerdings einen »Großvater« der Pille: Er hieß Dr. Ludwig Haberlandt und entdeckte 1919 die Verhinderung der Schwangerschaft durch Hormone bei Ratten. Er nannte das in seiner unveröffentlichten Autobiografie »hormonelle Sterilisation« und fand dafür einen drastischen Vergleich: »Wenn man nicht will, dass ein Fuhrwerk zu einem Parkplatz vordringt, der bereits belegt ist, versperre man ihm den Weg. Ähnlich muß es im Körper einer schwangeren Frau ablaufen: Hormone würden sich den Eizellen und Spermien zwar nicht in den Weg stellen, aber dafür sorgen, dass der Weg in der Gebärmutter unpassierbar ist. Empfängnisverhütung besteht also in einer hormonell vorgetäuschten Schwangerschaft.«

Haberlandt verfolgte diesen Weg unter den schwierigen Bedingungen der Nachkriegszeit an der Universität Innsbruck. Versuchstiere und ihr Futter waren teuer oder nicht zu bekommen. Er begann mit Eierstocktransplantationen von einem Tier ins andere (bei Kaninchen und Meerschweinchen) und unterband so die Empfängnis; natürlich war das noch kein gangbarer Weg zu einem Verhütungsmittel, es ging in der Folge darum, aus tierischen Ovarien einen Extrakt zu gewinnen, mit dem man auch an Menschen klinische Studien beginnen konnte. Das Vorhaben erregte ungeheures Aufsehen und entsprechendes Presseecho. Schon 1927 konnte man die Schlagzeile lesen: »Unfruchtbarmachung der Frau durch Tabletten«. Kernsatz einer abgedruckten »Unterredung mit dem Entdecker Prof. Dr. Haberlandt« – ein *Interview* gab es noch nicht, sondern eben eine Unterredung – lautet: »Mein Ziel: Weniger Kinder, aber vollwertige!« Zeitgeistgemäß wabert hier das Gespenst der Eugenik durch die Diskussion – welchen Nutzen sollte Geburtenkontrolle denn haben, wenn nicht die Züchtung besseren »Menschenmaterials«. (Denn die Besten, so die Grundüberzeugung, sind ja gefallen …) Die edle Absicht künstlicher Zuchtwahl und genetischer Verbesserung nützte dem Professor Haberlandt aber nichts; er wurde massiv von den üblichen Verdächtigen angegriffen, Kirche und Politik. Er zog sich aus der Öffentlichkeit zurück und entwickelte mit der ungarischen Firma Richter ein Präparat für klinische Studien. 1930 sollten diese beginnen, über das Ergebnis ist nichts bekannt – Haberlandt hat sich 1932 das Leben genommen, weil er das Mobbing gegen sich und seine Familie nicht mehr ertragen konnte.

Die weitere Geschichte der Pille ist von Verwicklungen, Verwirrungen und Zufällen geprägt, die eine stringente Darstellung schwierig machen. Beginnen wir mit den »Müttern« der Pille: Margaret Sanger und Katharine McCormick. Auf diese Frauen geht sozusagen das *Konzept* der Pille zurück: Das Konzept einer Erfindung und die Erfindung selber sind nicht dasselbe. Das Konzept existiert manchmal schon Jahre oder sogar Jahrhunderte, bevor ein erster, unvollkommener Realisierungsversuch einsetzt. »Selbstfahrende« Wagen kannte schon die Renaissance, bis das erste Auto dann fuhr, hat es lange gedauert; manche Konzepte wie der »fliegende Teppich« sind immer noch nicht umgesetzt. Ein solches Konzept war eine Pille, die eine Frau einnehmen konnte »wie ein Aspirin« und dadurch zuverlässig vor der Schwangerschaft geschützt war. Beim Absetzen der Pille sollte die Empfängnisbereitschaft wieder zurückkehren. Man(n) wird einwenden, es sei doch keine großartige Leistung, sich so eine Pille auszudenken. Dazu muss man wissen, dass bis weit ins 20. Jahrhundert hinein der bloße Gedanke an so etwas wie Geburtenkontrolle in breiten Gesellschaftsschichten verpönt, geradezu mit einem Tabu belegt war. Natürlich wurde von den gehobenen Klassen Geburtenkontrolle nach der einen oder anderen Methode praktiziert, aber darüber sprach man ebenso wenig wie über sexuelle Themen überhaupt. Den unteren Schichten wurden Kenntnisse über dieses Thema vorenthalten, was zu einem unbeschreiblichen Elend besonders in den Industriestaaten führte … Wer meint, er sei ungerechtfertigterweise zu gut drauf, der lese nur das Einleitungskapitel von Bernard Asbells »Die Pille«, und gleich wird es ihm (Fantasie im Gegenwert von zwanzig Cent vorausgesetzt) nicht mehr so gut gehen.

Margaret Sanger stammte aus der Unterschicht, ihr Vater war Steinmetz, ihre Mutter brachte elf Kinder zur Welt, dazu kamen sechs Fehlgeburten – im überreichen »Kindersegen« sah sie schon sehr früh einen Hauptgrund für soziales Elend und die Unterdrückung der Frauen. Sie widmete ihr ganzes Leben dem Kampf um die Geburtenkontrolle, aus einer von ihr gegründeten Organisation ging »Pro Familia« hervor. Wegen ihrer Unterstützung eugenischer Ideen wurde und wird sie heute noch angegriffen.

Vom anderen Ende des gesellschaftlichen Spektrums stammte Katharine McCormick, geborene Dexter. Sie kam aus dem amerikanischen »Adel«; ihr Urgroßvater war Kriegsminister der USA gewesen, sie selbst studierte als eine der ersten Studentinnen überhaupt Biologie am Massachusetts Institute of Technology und erreichte 1904 den Magistertitel. Im selben Jahr heiratete sie den Millionenerben Cyrus McCormick, Sohn von Stanley McCormick, der den Mähdrescher erfunden und ein Industrieimperium gegründet hatte. Schon zwei Jahre später brach bei Cyrus eine Geisteskrankheit aus, die 1909 zu seiner Entmündigung führte. Der

Zeitgeist und auch Katharine sahen in Geisteskrankheit »schlechte Erbanlagen« – um deren Durchbruch zu verhindern, galt es, ein praktisches Verhütungsmittel zu finden. Sie widmete sich die nächsten Jahrzehnte der Pflege ihres Mannes, dem Frauenstimmrecht und der Geburtenkontrolle; dabei unterstützte sie die von Sanger gegründete American Birth Control League. Die Multimillionärin spendete zeit ihres Lebens riesige Summen für wissenschaftliche Forschungen.

1951 suchten Sanger und McCormick gemeinsam den Pharmakologen Gregory Goodwin Pincus auf, der eine private Forschungseinrichtung in Worcester leitete. Ihr Vorschlag: Die Entwicklung der Pille. Bezahlen würde Katharine McCormick. Für den Anfang, meinte Pincus, brauche er 125 000 Dollar. Die bekam er auch und in den nächsten Jahren insgesamt wohl zwei Millionen: Es gab für die Entwicklung der Pille niemals öffentliche Gelder. Dieses epochale Medikament wurde von einer reichen Philanthropin bezahlt, die damals schon sechsundsiebzig Jahre alt war. Pincus machte sich an die Arbeit. Er durchforstete die Literatur und kam bald auf die Arbeiten von Russell Marker.

Der war ein begnadeter organischer Chemiker, gleichzeitig ein Sturkopf, wie man ihn selten findet. Marker hatte seine Doktorarbeit schon veröffentlicht, als sein Doktorvater drauf kam, dass dem jungen Wissenschaftler zur Promotion noch Kurse in physikalischer Chemie fehlten, die solle er schleunigst nachholen. Marker weigerte sich. Was er nicht einsah, sah er nicht ein. Er verließ die Uni ohne Doktortitel, wurde aber vom renommierten Rockefeller Institute engagiert. Dort war er sehr erfolgreich als Forscher tätig – bis er 1934 auf die Idee verfiel, sich mit Steroiden zu befassen. Seine Vorgesetzten waren nicht erbaut, Marker wechselte die Stelle und ging ans Penn State College, wo seines Bleibens aber auch nicht lange war, nachdem er die dortigen Verantwortlichen mit der Idee entsetzt hatte, seine Steroidforschung in Mexiko zu beginnen – in einem so rückständigen Land, hieß es, könne nie und nimmer organische Chemie betrieben werden. Marker verließ die Penn, ging nach Mexiko und gründete eine Firma zur Produktion von Steroiden. Warum gerade Mexiko?

Weil in den dort wachsenden Wüstenpflanzen Stoffe vorkommen, die das erwähnte Vier-Ring-Steroidgerüst aufweisen, zum Beispiel das *Diosgenin*. Das enthielt zwar eine komplizierte Seitenkette, aber Marker hatte eine verblüffend einfache Methode gefunden, die überflüssige Kette »abzuschneiden« und aus dem Produkt *Progesteron* herzustellen:

Progesteron

Auch diese Substanz war ein Sexualhormon; das Gramm kostete tausend Dollar, man gewann es bis dahin in winzigen Mengen aus Tieren – und verwendete es, um die Fruchtbarkeit von Rennpferden zu erhöhen; zwei Milligramm-Dosen konnten auch manchen unfruchtbaren Frauen zur Schwangerschaft verhelfen.

Marker gründete 1943 in Mexiko die Firma Syntex, wo aus Pflanzen in der Folge Progesteron hergestellt wurde. Man wird sich fragen, warum die Chemiker denn diese Hormone nicht so herstellen, wie sie alles andere auch zu machen scheinen, aus Erdöl nämlich oder aus Kohle, denn sie können doch jede chemische Struktur erzeugen, die ihnen in den Sinn kommt, nicht wahr? Im Prinzip lassen sich auch komplizierte Moleküle mit vielen Atomen aus kleinen Molekülen mit nur zwei oder drei davon aufbauen. Dazu ist eine bestimmte Zahl chemischer Reaktionen nötig, je größer das Endprodukt, desto mehr. Das Ergebnis einer Reaktion ist wieder der Ausgangsstoff für die nächste und so weiter. Auf dem Papier sieht das schön aus … Nehmen wir einmal an, die Reaktionsfolgen gehen tatsächlich so vonstatten, wie es sich der Chemiker ausgedacht hat (das ist durchaus nicht immer der Fall), dann tritt bei der praktischen Durchführung immer noch das Problem auf, dass die Reaktionen nie zu 100 Prozent ablaufen; wenn zum Beispiel theoretisch 100 Gramm Produkt herauskommen sollten, gewinnt man praktisch vielleicht 80 Gramm, hat also eine Ausbeute von 80 Prozent. Um dieses Wörtchen Ausbeute dreht sich die ganze synthetische Chemie. Wo sind die restlichen 20 Gramm geblieben? Die haben sich gar nicht gebildet, sondern es vorgezogen, sich in irgendwelche unübersichtlichen Nebenreaktionen zu verdünnisieren, deren Ergebnisse als sogenannter »Dreck« das Hauptprodukt verunreinigen. Das muss man deshalb aus der Reaktionsmischung isolieren und reinigen, bevor man sie als reinen Stoff in die nächste Reaktion geben kann. Sagen wir, diese nächste Reaktion läuft auch nur zu 80 Prozent, dann sind das 80 Prozent von den vorigen 80 Prozent, also nur noch 64 Prozent. Jetzt nehmen wir an, die Reaktionskette durchlaufe nicht 2 Stufen, sondern 40, jede einzelne Reaktion liefere 80 Prozent der Theorie (schon das eine heillos optimistische Annahme!). Die Schlussausbeute liegt dann bei 0,8⁴⁰ – also 0,8 40 Mal mit sich selber multipliziert, ergibt 0,013 Prozent – oder etwa ein 7500stel der Ausgangsmenge; um also 1 Kilo Endprodukt zu haben, müsste man mit 7,5 Tonnen Ausgangsstoff anfangen, nicht zu reden von vielen Tausend Litern Lösungsmittel, Tonnen von Hilfschemikalien und so weiter, in der Summe ein Eisenbahnwaggon voll für ein einziges Kilo, das dann natürlich auch einen astronomischen Preis hätte – den niemand bezahlen will oder kann. Weshalb man die ganze Sache von vornherein seinlässt. Auch heute noch gewinnt man das Grundgerüst der Pillenhormone aus bestimmten Yamswurzeln, die zu diesem Zweck angebaut werden – vor der Chemie steht hier also die Landwirtschaft, was den wenigsten Konsumentinnen der Pille klar sein dürfte. Dann wäre die Pille fast ein Naturprodukt? Wirklich nur fast. Erst Markers geniale Methode wandelte Diosgenin in Progesteron um.

Markers Ziel war nie gewesen, ein orales Verhütungsmittel zu erschaffen. Er wollte einfach Steroide in so großen Mengen herstellen, dass die Wissenschaft damit experimentieren und Anwendungen entwickeln konnte – weder vielstufige Synthesen noch die Gewinnung von Milligrammmengen aus tierischen Organen war dazu geeignet. Zum Beispiel ist auch das Wundermittel *Cortison* ein Steroid; damals war es ein ganz heißer Kandidat gegen Rheuma, die teuerste Volkskrankheit.

Markers weitere Laufbahn verlief unglücklich. Er überwarf sich mit seinen Geschäftspartnern und zog sich 1949 ganz von der Chemie zurück – mit der bemerkenswerten Feststellung, die Chemiker seien »alles Halunken«. Er verschwand 1949 aus der Welt der Chemie, was zu Gerüchten führte, er sei gestorben oder vegetiere in einer Irrenanstalt. Tatsächlich lebte er in Mexico City und vertrieb Nachbildungen mexikanischer Silberschmiedarbeiten des 18. Jahrhunderts. Erst 1969 wurde er »wiederentdeckt« und erhielt zahlreiche Ehrungen. Seine chemische Entdeckung, der »Marker-Abbau«, gehört sicher zu jenen chemischen Reaktionen, die das Leben der Menschen noch für lange Zeit prägen werden. Er starb hochbetagt 1995.

Als Marker im Streit aus der Firma Syntex ausgeschieden war, stellte der Inhaber fest, dass man kein Progesteron mehr herstellen konnte, weil Marker alle Chemikalien nur unter Codebezeichnungen eingesetzt und seine Laborprotokolle mitgenommen hatte. Es musste schnell ein fähiger Chemiker her, der das Problem löste, sonst wäre die Firma pleite. Dieser Chemiker fand sich auch. Er hieß Carl Djerassi, sein Vater stammte aus Bulgarien, die Mutter aus Wien. Der geborene Österreicher war 1939 mit seinem Vater nach Amerika emigriert. Djerassi gelang es nicht nur, Markers Synthesen zu wiederholen, sondern er entwickelte bei Syntex das künstliche Hormon *Norethisteron*, ein sogenanntes *Gestagen*, das heute noch in der *Minipille* verwendet wird.

Norethisteron

Norethisteron und das schon eingangs erwähnte Ethinylestradiol waren die wirksamen Bestandteile der ersten in Deutschland zugelassenen Pille. Aber 1951 war davon noch keine Rede; Norethisteron war ein Präparat, das dieselben Wirkungen wie Progesteron hervorrief – nur in viel geringerer Dosierung. Verwendet werden sollte es als Mittel gegen Menstruationsbeschwerden. Gregory Pincus *suchte* zwar die Pille, hatte aber von dem neuen, »künstlichen« Progesteron keine Ahnung (die Ergebnisse von Djerassi und seinen Mitarbeitern waren noch nicht publiziert). Die einzige ihm bekannte Substanz, die den Eisprung verhindern konnte, war eben das wenigstens in ausreichenden Mengen verfügbare Progesteron, das allerdings gewichtige Nachteile aufwies: Man benötigte hohe Dosen, und das Mittel musste gespritzt werden. Das war noch weit weg von einer Pille, die frau »wie ein Aspirin« nehmen konnte. Pincus wiederholte zunächst die bekannten Versuche, mit Progesteron den Eisprung bei Kaninchen zu hemmen. Das gelang. Auf einer Fachtagung erfuhr Pincus, dass der Gynäkologe John Rock mit neuen, »künstlichen« Progesteronabkömmlingen experimentierte (eben mit den von Djerassi und seinem Konkurrenten F. B. Colton bei der Firma Searle hergestellten Substanzen). Diese neuen Stoffe konnten als Tabletten eingenommen werden; die Dosen waren viel niedriger. Also plante wohl Dr. Rock die Pille? Weit gefehlt. Dem Gynäkologen ging es eher ums Gegenteil; er suchte nach einem Medikament, mit dem er weibliche Unfruchtbarkeit behandeln konnte. Wie das? Rock hatte die Idee, dass sich während einer Art »Scheinschwangerschaft« die Organe unfruchtbarer Frauen erholen und danach mit größerer Fruchtbarkeit »zurückschnellen« werde. Dieser Rebound-Effekt trat bei dreizehn von achtzig Frauen tatsächlich ein, die er mit hohen Dosen Progesteron behandelt hatte.

Djerassis neue Derivate konnten als Pillen genommen werden. Zuvor mussten sie aber klinischen Tests unterzogen werden. Nur – wie? In Massachusetts zum Beispiel durfte man zwar Verhütungsmittel verwenden, laut Gesetzestext nicht aber »solche ausstellen, verkaufen, verschreiben, weitergeben oder Informationen darüber verbreiten«, auf Übertretungen stand Gefängnis. Schon deshalb mussten Feldversuche außerhalb der USA stattfinden: in Puerto Rico, wo die Empfängnisverhütung seit 1937 gesetzlich erlaubt war. Vorversuche hatte Dr. John Rock unternommen; besonders merkwürdig, galt er doch als einer der katholischsten Ärzte in den Vereinigten Staaten. Aber in Sachen Geburtenkontrolle hatte er eine dezidiert andere Ansicht als die katholische Kirche und verwendete seinen ganzen Einfluss darauf, die Amtskirche zur Anerkennung der Pille zu bewegen, die seiner Ansicht nach nur eine Frage der Zeit sein konnte. Als Papst Paul VI. im Jahre 1968 mit seiner berühmt-berüchtigten Enzyklika *Humanae vitae* die Pille rundheraus ablehnte, war John Rock tief enttäuscht. Er starb erst 1984, über neunzig Jahre alt, die Pille zu testen hatte er erst mit über siebzig begonnen.

Die großen amerikanischen Chemiefirmen rissen sich nicht darum, die Pille auf den Markt zu bringen. Es herrschte die Angst, vom Boykott einer entrüsteten Öffentlichkeit ruiniert zu werden. Die Firma Searle wagte es dann mit Zaudern und Zagen, ein Medikament, das schon zur Behandlung von Zyklusstörungen zugelassen war, bei der zuständigen Behörde auch als Verhütungsmittel einzureichen. Der Mut hat sich gelohnt: Die Aktie des Unternehmens stieg in vierzig Jahren von zwei auf achttausend Dollar; die Dividende allein in den sechs Jahren von 1960 bis 1966 von drei Cent auf drei Dollar. Unter dem Label Zyklusstörungen begann die Pille auch außerhalb der USA ihren Siegeszug, in Japan, wo jede Form der Geburtenkontrolle verboten war, dauerte dieses peinliche Herumeiern dreißig Jahre. Weil eben nicht sein kann, was nicht sein darf.

Wie jedes Medikament hatte die Pille auch Nebenwirkungen, besonders die hochdosierten Varianten der ersten Jahre: Übelkeit, Spannungsgefühle, Migräne. Durch Entwicklung neuer Substanzen und durch niedrigere Dosierung konnten sie zurückgedrängt werden; in sehr seltenen Fällen kommt es zu Thrombosen (Gefäßverschlüssen), Bluthochdruck und Schlaganfällen. Gefördert werden diese Risiken durch Zuckerkrankheit und Rauchen. Außerdem erhöht die Pille das Auftreten bestimmter Krebsarten, senkt aber die Häufigkeit anderer; die Weltgesundheitsorganisation kam 2005 zum Schluss, dass der Nutzen für die Volksgesundheit wahrscheinlich überwiege.

Fassen wir also zusammen: Der Erste, der eine zeitweise »Sterilisierung« der Frau unternehmen wollte, kam über Kaninchen nicht hinaus, weil er vorher von der konzentrierten Feindschaft der ganzen Gesellschaft in den Freitod getrieben wurde; das Konzept einer »Pille« stammt von zwei über siebzigjährigen Frauen; die Voraussetzung bezüglich Rohmaterial schuf ein – milde formuliert – exzentrischer Chemiker; die weitere chemische Entwicklung forcierte ein ebenfalls untypischer Chemiker, der heute als Autor von Theaterstücken und Romanen bekannt ist (Carl Djerassi); die Pharmakologie besorgte dann ein Pharmakologe (der in diesem Tableau noch normalste Vertreter seiner Zunft); die klinische Erprobung wiederum ein erzkatholischer Gynäkologe, der seine Karriere als Spezialist zur Behandlung von Unfruchtbarkeit(!) begonnen hatte – und alle Herren dieses Vereins haben zeit ihres Lebens behauptet und behaupten es bis heute, die Pille sei nicht ihre Idee und nicht Ziel ihres Strebens gewesen.

Bei einer so verworrenen Entwicklungsgeschichte verwundert es doch einigermaßen, welche gesellschaftspolitischen Auswirkungen der Substanz zugeschrieben wurden und werden. Etwa die »sexuelle Revolution« der Sechzigerjahre des 20. Jahrhunderts, heißt es, sei ohne die Pille gar nicht möglich gewesen. Dazu gibt es viele Meinungen; die Pille profitiert hier von den Verklärungen, in denen jene Epoche von »love and peace« erscheint – vor allem bei den schon ergrauten Zeitgenossen, die ihre Jugend mit all den Hervorbringungen der Popkultur im bedeutendsten Abschnitt der Menschheitsgeschichte verbracht haben – wenn man ihnen zuhört. Ich persönlich höre ihnen nicht zu, weil ich weiß, dass sie maßlos übertreiben.

Die Pille, heißt es weiter, habe die katholische Kirche gespalten. Ein kurzer Blick in die Geschichte dieser zweitausend Jahre alten Institution beweist, dass die modernen Querelen um die Pille ein laues Lüftchen sind im Vergleich zu den Stürmen, die hinter ihr liegen. Es gab Zeiten mit zwei, sogar mit drei Päpsten, die sich gegenseitig exkommunizierten, es gab furchtbare Religionskriege – dagegen hat die Debatte um die Enzyklika *Humanae vitae*, obwohl erst vor vierzig Jahren losgebrochen, heute schon etwas fast anheimelnd Nostalgisches.

Als Mittel zur Bevölkerungskontrolle wurde die Pille wahrscheinlich überschätzt, ungefähr vierhundert Millionen Menschen soll es aufgrund der Pille heute auf der Welt weniger geben; der Rückgang der hohen Zuwachsraten hängt mit sozialen Wandlungen und ganz generell und am wichtigsten überhaupt: mit der Emanzipation der Frau zusammen. Setzt sich diese durch und fort, kommen erst die technischen Mittel der Geburtenkontrolle ins Spiel, darunter die Pille an vorderer Stelle. Man sollte hier aber nicht Ursache und Wirkung verwechseln.

Auch bei nüchterner Betrachtung gilt aber: Die Pille hat das Leben von vielen Millionen Menschen nachhaltig verändert, sie erlaubt die Regelung menschlicher Fortpflanzung, ohne Hunger, Elend und Gewalt (Abtreibung), wie es bisher in der Menschheitsgeschichte üblich war. Angesichts dieser einfachen und unwiderlegbaren Tatsache erstaunt die geringe Wertschätzung, die den Erschafferinnen und Erschaffern der Pille zuteilgeworden ist. Ihre Namen kennt kaum jemand, am bekanntesten ist noch Carl Djerassi, weil er auch Bücher schreibt, die anderen sind dem Orkus des Vergessens anheimgefallen – oder sollte man besser sagen: dem Orkus der Verdrängung?

Noch eins: Bis heute sind über dreihundertfünfzig Nobelpreise für Chemie und Medizin vergeben worden. Keiner an einen Menschen, der mit der Entwicklung der Pille in Zusammenhang stand.

Eine Schande.

Literaturverzeichnis

Arpe, Hans-Jürgen, *Industrielle Organische Chemie*, Wiley-VCG, 2007

Asbell, Bernard, *Die Pille*, Verlag Antje Kunstmann, 1996

Autorenkollektiv, *Organikum*, VEB Deutscher Verlag der Wissenschaften, 1986

Bäumler, Ernst, *Ein Jahrhundert Chemie*, Econ Verlag, 1963

Beyer/Walter, *Lehrbuch der Organischen Chemie*, S. Hirzel Verlag, 1998

Brook, William H., *Viewegs Geschichte der Chemie*, Vieweg, 1997

Büchel/Moretto/Woditsch, *Industrielle anorganische Chemie*, Wiley VCH, 1999

DENKSCHRIFT HITLERS ÜBER DIE AUFGABEN EINES VIERJAHRESPLANS, 1936. ABGEDRUCKT IN VIERTELJAHRSHEFTE FÜR ZEITGESCHICHTE 3, 1955: 208

Djerassi, Carl, *This Man's Pill*, Haymon Verlag, 2001

Döbler, Hansferdinand, *Kultur- und Sittengeschichte der Welt – Kochkünste und Tafelfreuden!*, Bertelsmann Verlag, 1972

Ferré, Felipe, *Kaffee. Eine Kulturgeschichte*, Wasmuth Verlag, 1991

Hollemann-Wiberg, *Lehrbuch der anorganischen Chemie*, de Gruyter, 1970

Hübner, Regina/Hübner, Manfred, *Der deutsche Durst*, Edition Leipzig, 1994

Internationale Zusammenarbeit und nationale Alleingänge: Die Entwicklung der Synthesekautschukindustrie in Deutschland und den USA vor und während des Zweiten Weltkriegs, Jochen Streb,

September 2002. Dieser Aufsatz ist eine modifizierte Version von Streb, Jochen, *Technologiepolitik im Zweiten Weltkrieg. Die staatliche Förderung der Synthesekautschukproduktion im deutsch-amerikanischen Vergleich*, Vierteljahrshefte für Zeitgeschichte 50 (2002): 367–397

Jacob, Heinrich Eduard, *Kaffee*, oekom Verlag, 2006

Karrer, Paul, *Lehrbuch der Organischen Chemie*, Georg Thieme Verlag, 1942

Kreipe, Heinrich, *Getreide- und Katoffelbrennerei*, Eugen Ulmer Verlag, 1981

Lindgren, Uta (Hrsg.), *Technik im Mittelalter*, Gebr. Mann Verlag, Berlin, 2001

Malle, Bettina/Schmickl, Helge, *Schnapsbrennen als Hobby*, Verlag die Werkstatt, 2003

Meisenbacher, Karin, *Empfängnisverhütung*, Wissenschaftliche Verlagsgesellschaft Stuttgart, 2006

Menninger, Annerose, *Genuss im kulturellen Wandel*, Franz Steiner Verlag, 2004

Neuburger, Albert, *Die Technik des Altertums*, Voigtländer Verlag Leipzig, 1919

Noller, Carl R., *Lehrbuch der Organischen Chemie*, Springer Verlag, 1960

Richter, Christian, *Agrikulturchemie und Pflanzenernährung*, Margraf Publishers, 2005

Roth/Daunderer/Kormann, *Giftpflanzen Pflanzengifte*, Nikol Verlagsgesellschaft mbH & Co. KG, 1994

Röthemayer, Fritz/Sommer, Franz, *Kautschuk Technologie*, Carl Hanser Verlag, 2006

Ruske, Walter, *Einführung in die organische Chemie*, Verlag Chemie GmbH, 1970

Schmitt, L., *Vom Segen der Düngung*, Deutsche Landwirtschaftliche Verlagsgesellschaft, 1954

Schubert, Ernst, *Essen und Trinken im Mittelalter*, Wissenschaftliche Buchgemeinschaft Darmstadt, 2006

Schwenk, Ernst F., *Sternstunden der frühen Chemie*, C.H. Beck, 1998

Spode, Hasso, *Die Macht der Trunkenheit*, Leske + Budrich, 1993

Stoltzenberg, Dietrich, *Fritz Haber*, Wiley-VCH, 1998

Voland, Eckart, *Fortpflanzung: Natur und Kultur im Wechselspiel*, suhrkamp taschenbuch, 1992

Abbildungsverzeichnis

S. 67: Nicolas Leblanc/ullstein bild – NMSI/Science Museum

S. 71: Ernst Solvay/ullstein bild – Roger Viollet

S. 82: Edwin Laurentine Drake/ullstein bild – Granger Collection

S. 114: Sir Alexander Fleming/ullstein bild – AKG Pressebild

S. 138: Brennkessel/ullstein bild – heritage – Distillation, 1500. Artist unknown

S. 149: Charles-Marie de La Condamine/ullstein bild – Granger Collection

S. 156: Charles Goodyear/ullstein bild – Granger Collection